小天才学 C++

董春龙　刘　鹏　编　著

清华大学出版社

北　京

内 容 简 介

　　C++ 是一种使用非常广泛的计算机编程语言，也是信息学奥赛指定的语言之一。本书将 C++ 编程知识与中小学数学知识结合起来，并将计算机科学史上一些有趣的小故事融入其中。通过这种特殊的编写方式让同学们学习编程、复习数学、了解历史，潜移默化中培养同学们的计算思维和编程思维。

　　全书共 14 课，主要介绍 C++ 编程工具的安装及使用，C++ 编程的基础知识，C++ 的顺序语句、选择语句、循环语句及常用的库函数的使用，用 C++ 解决数学计算、统计推理、和差倍分等中小学数学问题。

　　本书适合小学四年级以上的学生和信息学奥赛的初学者阅读，也适合家长及 C++ 编程爱好者参考，还可作为中小学信息技术课程的教材。

图书在版编目（CIP）数据

小天才学 C++ / 董春龙，刘鹏编著. —北京：清华大学出版社，2022.1
ISBN 978-7-302-59200-6

Ⅰ．①小… Ⅱ．①董… ②刘… Ⅲ．① C++ 语言—程序设计—青少年读物 Ⅳ．① TP312.8-49

中国版本图书馆 CIP 数据核字（2021）第 187904 号

责任编辑：贾小红
封面设计：秦　丽
版式设计：文森时代
责任校对：马军令
责任印制：沈　露

出版发行：清华大学出版社
　　　　　网　　　址：http://www.tup.com.cn，http://www.wqbook.com
　　　　　地　　　址：北京清华大学学研大厦 A 座　　　邮　　编：100084
　　　　　社 总 机：010-62770175　　　　　　　邮　　购：010-62786544
　　　　　投稿与读者服务：010-62776969，c-service@tup.tsinghua.edu.cn
　　　　　质量反馈：010-62772015，zhiliang@tup.tsinghua.edu.cn
印 装 者：河北华商印刷有限公司
经　　销：全国新华书店
开　　本：170mm×230mm　　　印　　张：8.5　　　字　　数：109 千字
版　　次：2022 年 1 月第 1 版　　　印　　次：2022 年 1 月第 1 次印刷
定　　价：48.00 元

产品编号：087383-01

1984 年，邓小平爷爷对演示计算机的小天才们说："计算机普及要从娃娃抓起。"为了向青少年普及计算机科学知识，培养和选拔优秀计算机人才，中国计算机学会每年都会举办信息学奥赛，而 C++ 就是指定的竞赛语言之一。

国务院在印发的《新一代人工智能发展规划》文件中强调："实施全民智能教育项目，在中小学阶段设置人工智能相关课程，逐步推广编程教育，鼓励社会力量参与寓教于乐的编程教学软件、游戏的开发和推广。"目前，已经有省市率先将编程纳入中考特招和高考。很快，编程课程将全面进入中小学课堂。

这正是一本写给中小学生的书。

你可以认为它是一本编程书，带领同学们迈入 C++ 编程的大门，为冲刺信息学奥赛夯实基础！你也可以认为它是一本数学书，带领同学们学习和复习中小学数学知识，用新的方法完成他们的数学作业。不是纸和笔，而是编程和思维！你还可以认为它是一本故事书，书中引用了很多计算机科学史上的小故事，让同学们在潜移默化中了解历史，爱上编程，爱上学习！

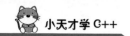

　　在学习编程中复习数学，在复习数学时学会编程，在阅读中了解计算机科学历史，我想这就是本书送给同学们的礼物！

刘　鹏　教授

中国信息协会教育分会人工智能教育专家委员会主任

中国大数据应用联盟人工智能专家委员会主任

目录

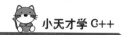

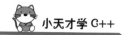

第 1 课 认识 C++

程序员有个"坏"习惯，喜欢从 0 开始编号。我做过程序员，所以一不小心差点儿从第 0 课开始了。等到进阶篇的时候，我再告诉同学们这个"坏"习惯养成的原因。闲言少叙，书归正传，马上开启我们的 C++ 编程之旅吧！

1.1 什么是编程语言

编程就是用计算机编程语言指挥计算机帮我们做事。那么，什么是计算机编程语言呢？它是告诉计算机该怎么做的一系列语句。就像指挥员指挥队伍行进的一系列口令："立正、稍息、齐步走……"。那么，你可能要问："既然这样，那为什么不直接跟计算机说就行了呢？"其实，计算机能看懂的语言和人的语言是不一样的。它能看懂类似下面这样的句子：

```
if (age<12)
    printf(" 你不能自己骑自行车去上学。");
else
    printf(" 棒棒哒，你可以独立骑自行车去上学了！");
```

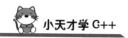

就像一个人可以懂很多种外语一样，计算机可以看懂很多种编程语言。编程语言排行榜 TOP 50 榜单中前 12 名如图 1-1 所示。

编程语言排行榜 TOP 50 榜单

排名	编程语言	流行度	对比上月	年度明星语言
1	C	17.38%	∧ 0.9%	2017, 2008, 2019
2	Java	11.96%	∨ 0.57%	2015, 2005
3	Python	11.72%	∨ 0.49%	2010, 2007, 2018
4	C++	7.56%	∧ 0.65%	2003
5	C#	3.95%	∨ 0.25%	
6	Visual Basic	3.84%	∨ 0.08%	
7	JavaScript	2.20%	∨ 0.15%	2014
8	PHP	1.99%	∨ 0.13%	2004
9	R	1.90%	∧ 0.3%	
10	Groovy	1.84%	∧ 0.31%	
11	Assembly language	1.64%	∧ 0.29%	
12	SQL	1.61%	∧ 0.08%	

图 1-1 编程语言排行榜

这本书的目标就是教会同学们使用 C++ 语言。那么 C++ 语言是怎么产生的呢？这就要从 C 语言说起。那么 C 语言是怎么产生的呢？1972 年，贝尔实验室的 Dennis Ritchie（丹尼斯·里奇）发明了 C 语言，被尊称为 C 语言之父，如图 1-2 所示。可惜的是这位大牛在 2011 年去世。同年去世的还有一位科技界大牛，苹果公司创始人 Steve Jobs（史蒂夫·乔布斯）。

图 1-2　C 语言之父 Dennis Ritchie

　　1979 年，Bjarne Stroustrup（本贾尼·斯特劳斯特卢普）来到了贝尔实验室，开始从事改良 C 语言的工作。改良后的 C 语言被称为带类的 C（C with classes），1983 年被正式命名为 C++。其实 C++ 语言涵盖了 C 语言的所有技术点，如果学会了 C++ 语言，那么排名第一的 C 语言你也就学会了，是不是一举两得！

1.2　为什么学 C++

　　美国、加拿大、英国等，都要求学生从中小学开始学编程。数不清的科技精英，也都是从小开始编程的，如微软公司创始人比尔·盖茨，苹果公司创始人乔布斯、AlphaGo 创始人哈萨比斯、特斯拉公司创始人埃隆·马斯克等，都是从小就已经开始接触和学习编程了。当然，我们在青少年阶段就开始学习编程，不是将来一定要从事编程开发工作，做编程工程师。编程可以帮助同学们锻炼逻辑思维能力，培养科技能力，用酷酷的方式表达自我。编程将成为你最重要的技能之一，

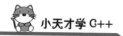

将给你带来很多快乐，带来更大的成就感，并使你成为一个更有能力的人。

和选择学习一门外语类似，要学习编程，首先要选择一种编程语言！

C++ 语言功能非常强大，可以开发出各种软件。例如，即时通信软件 QQ、微信；办公软件 Microsoft Office、WPS；各种浏览器软件 Chrome、Firefox……可以毫不夸张地说，我们在计算机上看到的绝大多数软件都可以用 C++ 实现。在浏览器里输入地址 https://www.stroustrup.com 并按 Enter 键，可以打开 Bjarne Stroustrup 的个人主页，里面列举了更多的用 C++ 语言开发的著名软件。他本人被尊称为 C++ 之父，如图 1-3 所示。

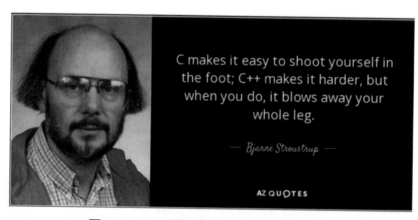

图 1-3　C++ 语言之父 Bjarne Stroustrup

除了功能强大、使用广泛，C++ 语言也是信息学奥赛指定的语言之一。

1.3　C++ 与信息学奥赛

其实同学们学习编程更有意义、也更具挑战性的是可以参加信息学奥赛。而该赛事的主办方也在其官网（https://www.noi.cn/）公布未来将仅支持 C++ 语言，如图 1-4 所示。

CCF 关于 NOI 系列赛事程序设计语言变更的公告

根据国际信息学奥林匹克竞赛（IOI）的相关决议并考虑到我国目前程序设计语言的具体情况，CCF 决定：

1.2020 年开始，除 NOIP 以外的 NOI 系列其他赛事（包括冬令营、CTSC、APIO、NOI）将不再支持 Pascal 语言和 C 语言；

2.从 2022 年开始，NOIP 竞赛也将不再支持 Pascal 语言。即从 NOIP2022 开始，NOI 系列的所有赛事将全部取消 Pascal 语言。

在无新增程序设计语言的情况下，NOI 系列赛事自 NOIP2022 开始将仅支持 C++语言。

中国计算机学会

2016 年 11 月 1 日

图 1-4　信息学奥赛官网公告

信息学奥赛包含 NOIP 和 NOI 两个赛事，NOI 是全国青少年信息学奥林匹克竞赛，NOIP 是全国青少年信息学奥林匹克联赛，统称为信息学奥赛，属于五项学科竞赛（数学、物理、信息学、化学、生物五门学科）之一。近年来随着青少年编程的普及和国家政策的支持，信息学奥赛更加活跃，是同学们进入名校的最优通道之一。如果用一句话来描述信息学奥赛，那就是"用计算机做数学题"。信息学奥赛主要考察同学们运用计算机编程语言、利用各种算法解决问题的能力。核心是数学建模和算法设计。信息学奥赛能提升同学们的想象力与创造力，对问题的理解和分析能力，数学能力和逻辑思维能力，对客观问题和主观思维的口头和书面表达能力。

1.4 准备编程工具

古人云："工欲善其事，必先利其器"，这节课我们就把学习 C++ 语言所需要的工具都准备好。

怎么把 C++ 编程工具安装到计算机上呢？首先，我们把 C++ 软件下载到自己的计算机上。在浏览器里输入下载地址：http://bloodshed-dev-c.en.softonic.com/ 并按 Enter 键，下载 dev-cpp.exe 文件并保存在计算机中。然后双击 dev-cpp.exe 文件启动安装，整个安装过程如图 1-5~图 1-11 所示。

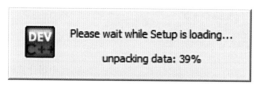

图 1-5　安装启动界面

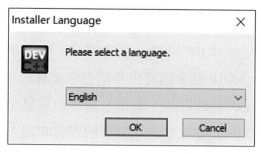

图 1-6　选择语言

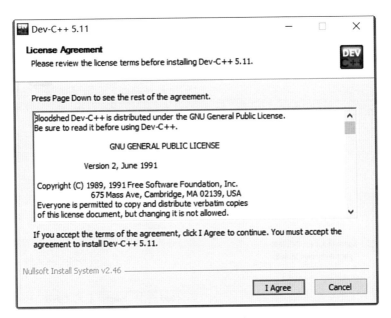

图 1-7　许可协议

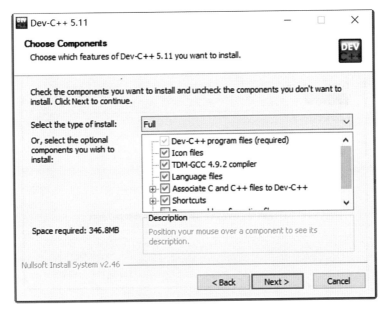

图 1-8　选择安装组件

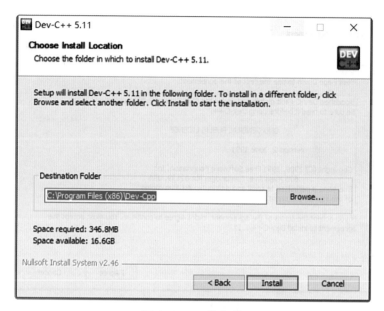

图 1-9　正式安装

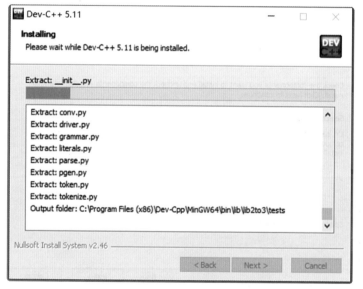

图 1-10　安装过程中出现的界面

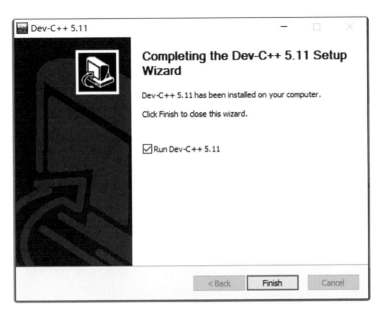

图 1-11　安装成功的界面

单击 Finish 按钮之后，安装成功。C++ 编程工具准备完毕！

练习 1

1. 上网查一查，世界上有多少种人类语言？世界上有多少种计算机编程语言？

2. 你还知道哪些计算机大牛的名字，去网上搜一搜他们的故事，或者去图书馆借一本他们的传记读一读。

3. 到官网 http://bloodshed-dev-c.en.softonic.com/ 下载本书用到的 C++ 编程工具，并把它安装在你的计算机上吧！

第 2 课　第一个 C++ 程序

"欲破曹公，宜用火攻，万事俱备，只欠东风"。第 1 课我们已经准备好了 C++ 编程工具。这节课我们就从一个 "hello,world" 程序开始，破解 C++ 语言的奥秘！

2.1　启动工具

安装好软件后，双击计算机桌面图标 Dev-C++，如图 2-1 所示，启动编程环境。

图 2-1　Dev-C++ 桌面图标

选择 File（文件）→ New（新建）→ Source File（源代码）命令，打开代码输入界面，如图 2-2 所示，我们就可以开始在里面编写程序了。

图 2-2　代码输入界面

2.2　输入代码

按照如图 2-3 所示的代码原样输入，在输入时需要注意以下几点。

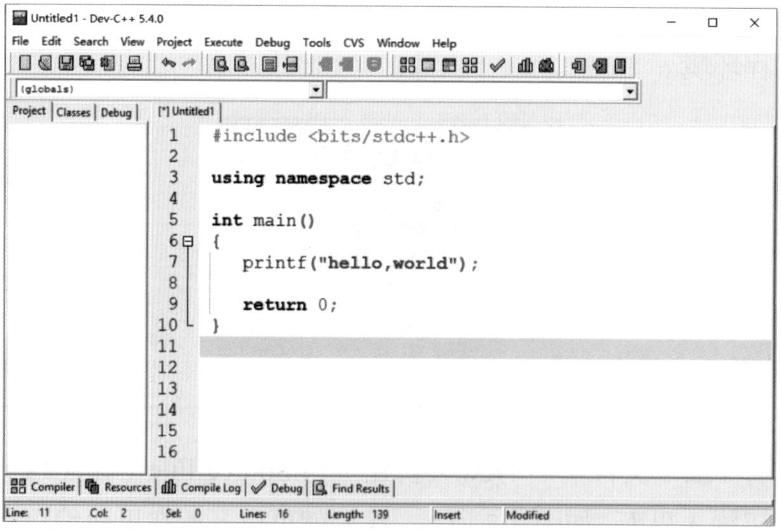

```cpp
#include <bits/stdc++.h>

using namespace std;

int main()
{
    printf("hello,world");

    return 0;
}
```

图 2-3　输出"hello,world"代码

（1）注意区分字母的大小写。

（2）注意代码后面是否有分号（;）。

（3）分号（;）和双引号（" "）要在英文输入法状态下输入。

选择 File → Save（保存）命令，弹出如图 2-4 所示对话框，输入一个喜欢的文件名，如 first，单击"保存"按钮。

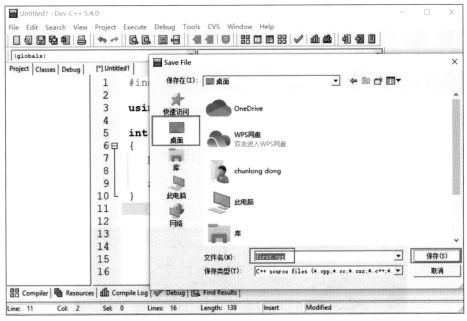

图 2-4　保存程序

2.3　运行结果

单击 Compiler&Run（编译运行）按钮，弹出一个小黑框，如图 2-5 和图 2-6 所示。

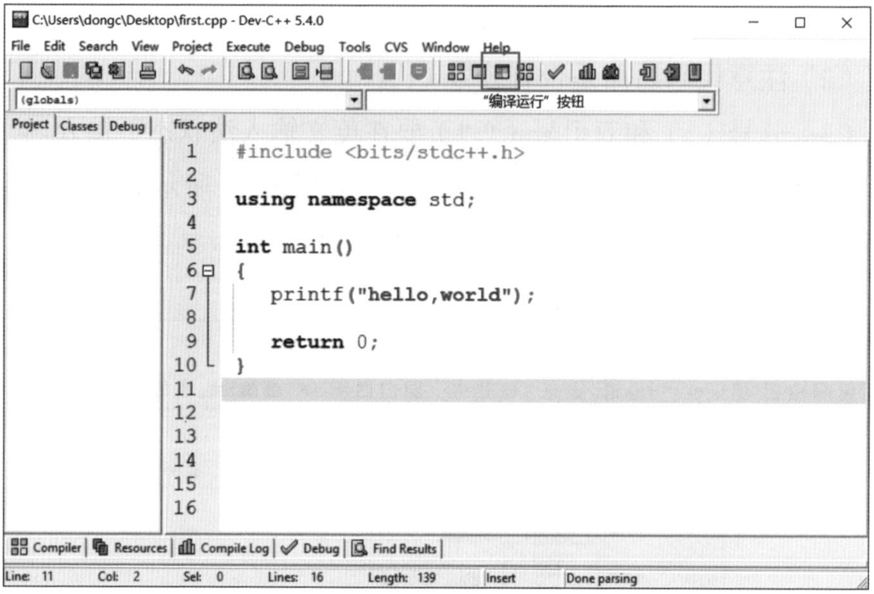

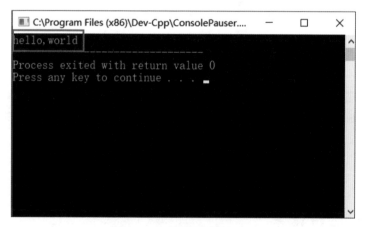

图 2-5　编译运行

图 2-6　程序运行结果

至此，用 C++ 编写的第一个程序圆满完成。"眼是孬汉，手是好汉"，看起来第一个程序啰啰唆唆，其实只要你动起手来，一步一步操作，只需要 3 分钟就能胜利完成。

2.4　编程万能模板

前面我们已经胜利完成第一个 C++ 程序。第一个程序输出"hello, world"似乎是一种传统。几乎任何编程语言的任何一本教程，都会以"hello,world"作为入门小程序。这一传统据说与 Brian Kernighan（布莱恩·克尼汉）有关，感兴趣的同学可以上网搜索一下这个故事的由来（见图 2-7）。

图 2-7　Unix 和 C 语言背后的巨人 Brian Kernighan

我们把上面的程序稍作改动，去掉 printf("hello,world") 这句代码。程序如图 2-8 所示。

```
1.    #include <bits/stdc++.h>
2.    using namespace std;
3.    int main()
4.    {
5.
6.        return 0;
7.    }
```

图 2-8　最简单的 C++ 程序

为了便于大家记忆，我们把第一个程序"拆解"为 3 个部分。

第 1 部分：第 1 句，"#include <bits/stdc++.h>"称为头文件。

第 2 部分：第 2 句，"using namespace std;"称为命名空间。

第 3 部分：第 3~7 句，该部分称为主函数。以后我们主要的代码都写在这部分的大括号里面，"return 0;"的前面。

对于初学者来说，暂时不用深究头文件、命名空间和主函数等概念，将其理解为程序的模板即可。以后我们写 C++ 程序，至少在本书中的全部程序，不管三七二十一，先把上面 3 个部分照搬出来。

仿照前面的代码，让计算机帮我们输出任意想说的话吧！你需要做的就是把 printf("hello,world") 代码双引号中的内容换成你想说的内容就可以了，中文也没问题！比如让计算机用如图 2-9 所示语句帮我们输出"我的第二个 C++ 程序"。

```
1.    #include <bits/stdc++.h>
2.    using namespace std;
3.    int main()
4.    {
5.        printf("我的第二个 C++程序");
6.        return 0;
7.    }
```

图 2-9　第二个 C++ 程序

单击 Compiler&Run 按钮，在黑框中输出如图 2-10 所示结果。

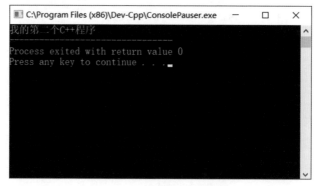

图 2-10　程序运行结果

上面的黑框还有一个名字叫作控制台。同学们还可以仿照上面的方式，让计算机帮你把想输出的任何内容输出到控制台。

练习2

1. 上网查一查"hello,world"故事的由来。

2. 按照书中的步骤，完成你的第一个 C++ 程序吧!

3. 把你的第一个 C++ 程序默写到一张纸上，你记住那个万能模板了吗?

第3课 打印输出

古人说"富贵不归故乡，如锦衣夜行。"计算机帮我们完成任务之后，也要表现出来，这就是计算机的输出了。

3.1 输出文字

前面我们已经使用 printf 让计算机输出"hello,world"了。下面给大家介绍一个更有意思的输出（cout<<）。其实有了 printf 的基础，同学们使用 cout<< 也会得心应手。只需要把想输出的内容放到双引号（""）里面，然后放到 cout<< 后面就可以了，如图 3-1 所示。

```
1.    #include <bits/stdc++.h>
2.    using namespace std;
3.
4.    int main()
5.    {
6.        cout<< "hello,world" ;
7.
8.        return 0;
9.    }
```

图 3-1　用 cout<< 输出

如图 3-1 中第 6 行，把想要输出的内容放到双引号中，单击

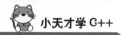

Compiler&rRun 按钮看一看输出结果吧！

3.2　文字换行

同学们已经掌握了使用 cout<< 进行输出了。下面请大家按下面样式输出二年级学过的一首小诗：

月黑见渔灯，孤光一点萤。

微微风簇浪，散作满河星。

我想同学们应该能很快写出如图 3-2 所示代码。

```
1.    #include <bits/stdc++.h>
2.    using namespace std;
3.
4.    int main()
5.    {
6.        cout<< "月黑见渔灯，孤光一点萤。";
7.        cout<< "微微风簇浪，散作满河星。";
8.
9.        return 0;
10.   }
```

图 3-2　输入代码

单击 Compiler&Run 按钮，同学们会发现输出效果如图 3-3 所示，虽然内容输出了，但是诗句之间没有换行。

图 3-3　程序运行结果

怎么控制程序，让它换行呢？只需要在第 6 行代码后面添加 C++ 的换行命令 endl(end of line)，后面的内容就会输出到下一行。所以上面代码调整后如图 3-4 所示。

```
1.    #include <bits/stdc++.h>
2.    using namespace std;
3.
4.    int main()
5.    {
6.        cout<< "月黑见渔灯，孤光一点萤。"<<endl;
7.        cout<< "微微风簇浪，散作满河星。";
8.
9.        return 0;
10.   }
```

图 3-4　调整代码

再单击 Compiler&Run 按钮，诗句就会按照要求的样子换行了！

通过上面的两个小例子，同学们已经学会了 cout<< 的使用，并学会了换行，使输出更美观。

使用 cout 语句输出的一般格式是：

cout<< 内容 1<< 内容 2<<...<< 内容 n;

同学们需要注意的是，在编写代码时，双引号（""）一定是英文状态下输入。

3.3　计算后输出

还记得数学书上密密麻麻的计算题吗？图 3-5 是人教版数学二年级下册第 52 页的计算题，相信同学们可以很快计算出结果。不过下面我们通过编程，让计算机帮我们计算，并把计算的结果输出来。

比如要编程计算 "73-26+35" 这道题目的结果并输出，正确的代码如图 3-6 所示。

10. 比较下面每组题的运算顺序和计算结果。

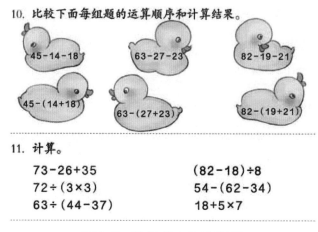

11. 计算。

73-26+35   (82-18)÷8

72÷(3×3)   54-(62-34)

63÷(44-37)   18+5×7

图 3-5　数学书中的计算题

```
1.    #include <bits/stdc++.h>
2.    using namespace std;
3.
4.    int main()
5.    {
6.        cout<< 73-26+35 ;
7.
8.        return 0;
9.    }
```

图 3-6　计算算式程序

单击 Compiler&Run 按钮，正确输出计算结果 82，如图 3-7 所示。

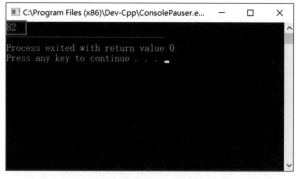

图 3-7　程序运行结果

如果按图 3-8 所示修改一下上面第 6 行代码，给算式加上双引号。

```
1.  #include <bits/stdc++.h>
2.  using namespace std;
3.
4.  int main()
5.  {
6.      cout<< "73-26+35" ;
7.
8.      return 0;
9.  }
```

图 3-8　算式加上双引号代码

单击 Compiler&Run 按钮，查看输出结果如图 3-9 所示。

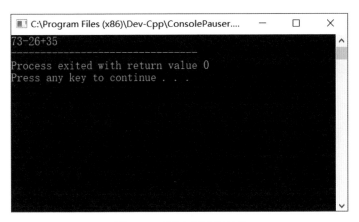

图 3-9　程序运行结果

想一想为什么？就是上文提到的，放到双引号（" "）里面的内容，程序会按照原样输出！

现在同学们可以把图 3-5 中的题都编程实现吧！这里需要提醒大家，在 C++ 中，乘号用 "*" 表示，除号用 "/" 表示。比如要编程计算 63 ÷ (44-37) 这道算式，代码如图 3-10 所示，小括号的用法与我们数学课上学的类似。

```
1.    #include <bits/stdc++.h>
2.    using namespace std;
3.
4.    int main()
5.    {
6.        cout<<  63/(44-37) <<endl;
7.
8.        return 0;
9.    }
```

图 3-10　混合运算代码

练习 3

1. 请按照如图 3-11 格式输出小诗《惜时》。

图 3-11　输出《惜时》

2. 计算输出 63/(44-37) 的结果，输出效果如图 3-12 所示。

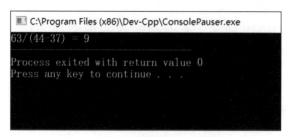

图 3-12　混合运算结果输出

第4课 键盘输入

人们常说"巧妇难为无米之炊"，让计算机帮我们处理数据，首先要向计算机里输入数据，这就需要用到输入语句 cin>> 了。

4.1 输入整数

在日常生活中，我们需要把物品放入容器中。同样，我们往计算机中输入数据，也需要指定一个"容器"来存放它，这个容器就叫变量。变量是一个抽象的概念，我们可以把变量理解成现实生活中存放物品的容器，如图 4-1 所示，只不过在计算机中称为变量。

图 4-1　生活中不同的容器

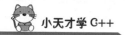

向计算机中输入数据，我们只需要做三件事，一是指定变量的类型，二是为这个变量取个名字，三是把数据存入变量，如图 4-2 所示。

```
1.    #include <bits/stdc++.h>
2.    using namespace std;
3.
4.    int main()
5.    {
6.        int a;
7.        cin>>a;
8.
9.        return 0;
10.   }
```

图 4-2　输入整数代码

第 6 行中，int 表示变量的类型，这种变量用于存放整型数据。a 表示你给这个变量取的名字。其含义是名字为 a 的这个变量中只能存放一个整数。

第 7 行中，cin>> 就是提醒你要输入一个数据了。通过键盘输入一个整数，然后按 Enter 键，你输入的那个整数就被保存到变量 a 中了。

单击 Compiler&Run 按钮，如图 4-3 所示。

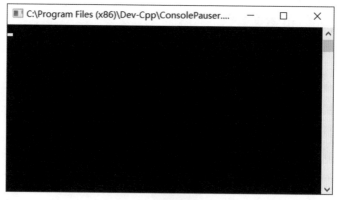

图 4-3　程序等待输入

这次程序表现有点儿奇怪，并未输出任何内容，还有白色光标一直在闪动。这个就是第 7 行代码的效果了，等待你用键盘输入一个整数。比如输入整数 100 之后，按 Enter 键，则整数 100 就存放到变量 a 中了。

如果再想把存放在 a 中的数据输出来，就可以使用 cout<< 了，如图 4-4 所示。

```
1.   #include <bits/stdc++.h>
2.   using namespace std;
3.
4.   int main()
5.   {
6.       int a;
7.       cin>> a;
8.       cout<< a;
9.
10.      return 0;
11.  }
```

图 4-4　将 a 中的数据输出

第 8 行，就是把变量 a 中存放的数据输出，是不是很简单。

使用 cin>> 语句输出的一般格式是：

cin>> 变量 1>> 变量 2>>...>> 变量 n

当然了，前提是你要先规定好变量的类型和名字。

4.2　输入小数

我们学会了输入整数。那么，怎么输入小数呢？同学们或许很快会写出如图 4-5 所示代码。

```
1.    #include <bits/stdc++.h>
2.    using namespace std;
3.
4.    int main()
5.    {
6.        int a;
7.        cin>>a;
8.
9.        cout<<"输出 a 的值为: " <<a;
10.
11.       return 0;
12.   }
```

图 4-5　输出小数的错误代码

单击 Compiler&Run 按钮，然后从键盘输入一个小数，如 16.8，按 Enter 键，继续执行。输出的结果如图 4-6 所示。

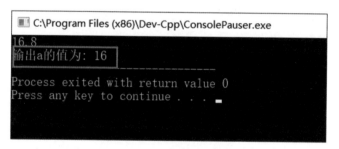

图 4-6　程序运行结果

为什么输进去的数据是 16.8，而输出来变成 16 了？这是因为我们把一个小数放入整数的容器中了，所以发生了错误。在 C++ 中，不同类型的数据要放到不同类型的变量中。整数要放到 int 型的变量中，小数要放到 float 型的变量中，如图 4-7 所示。

第 6 行，把 int 换为 float，这样就可以向里面存放小数了，是不是很简单。

```
1.    #include <bits/stdc++.h>
2.    using namespace std;
3.
4.    int main()
5.    {
6.        float a;
7.        cin>>a;
8.
9.        cout<<"输出 a 的值为： " <<a;
10.
11.       return 0;
12.   }
```

图 4-7　正确地输入小数代码

4.3　"最大"的数

有句古话"水满则溢，月满则亏"，如果容器里的水太满了，就会溢出来。变量这个容器如果存放了过大的数据会发生什么情况呢？我们先看下面一个小程序（见图 4-8）。

```
1.    #include <bits/stdc++.h>
2.    using namespace std;
3.
4.    int main()
5.    {
6.        int a;
7.        cin>>a;
8.
9.        cout<< a;
10.
11.       return 0;
12.   }
```

图 4-8　输入大整数代码

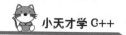

第 6 行，定义一个整型变量 a。

第 7 行，从键盘输入一个整数，存储到变量 a 中。

第 9 行，输出这个整数。

单击 Compiler&Run 按钮，这次我们从键盘输入一个较大的整数，如 3 000 000 000（30 亿），按 Enter 键查看输出结果，计算机中输出结果如图 4-9 所示。

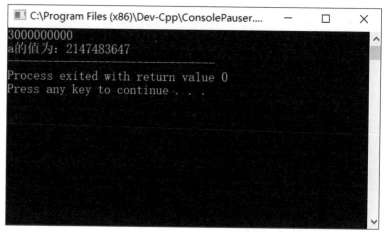

图 4-9　程序运行结果

有没有被吓到？你向银行存入 30 亿存款，你去取的时候却缩水了那么多！因为这个数据太大了，超过了 a 变量能表示的范围，造成了数据错误，这种现象称为数据溢出。

我们在前面输入整数时定义 int 变量，输入浮点数时定义 float 变量。如果要输入更大的整数和浮点数，可以定义 long long 型和 double 型的变量。这些类型又可以统称为数值类型。

表 4-1 列出了 int、long long、float、double 等类型变量可以表示的数值范围。

表 4-1　不同类型变量可表示的数值范围

变量类型	表示范围
int	−2147483648 ～ 2147483647
long long	−9223372036854775808～9223372036854775807
float	−3.40E+38 ～ +3.40E+38
double	−1.79E+308 ～ +1.79E+308

类似"3.40E+38"这样表示一个数的方法，叫科学计数法。科学记数法是一种记数的方法。把一个数表示成 a 与 10 的 n 次幂相乘的形式。如 38 000 可以写成 3.8×10^4，简化为 3.8E+4。

有的同学可能会问，如果一个数超过了 double 能表示的范围怎么办呢？这个问题的解决方法不在本书中讨论。在本书中，同学们只需要了解一下这个范围，在输入数据的时候不要超过这个范围就可以了！

4.4　输入字符串

C++ 中除了数值类型之外，还有一种叫作字符串（string）这样的东西。顾名思义，字符串是一串字符，可以是任意字母、数字和符号的组合。例如"abcdefg""123456789""A123＋－×÷efg""刘思成正在看这本书""#!%@$%^$&*"":-)"等。我们在表示字符串的时候要加引号。注意：计算机里的引号使用的是半角的 " " 或者 ' '，不是中文的全角引号""。我们也经常需要对字符串进行各种操作。

现在我们通过下面的小程序学习字符串的输入，如图 4-10 所示。

第 6 行，要向计算机中输入字符串，需要使用 string 类型变量。

第 7 行，输入一个名字字符串，如"米小圈"，存入 name 变量中。

第 9 行，输出 name，后面跟着"你最帅！"

```
1.    #include <bits/stdc++.h>
2.    using namespace std;
3.
4.    int main()
5.    {
6.        string name;
7.        cin>>name;
8.
9.        cout<< name <<"你最帅！" ;
10.
11.        return 0;
12.   }
```

图 4-10　输入字符串

单击 Compiler&Run 按钮，输入结果如图 4-11 所示。

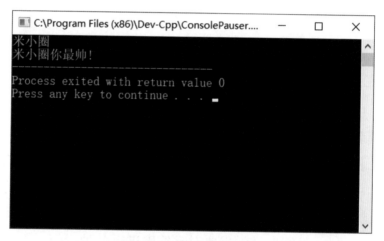

图 4-11　程序运行结果

练习4

1. 用图 4-12 中代码给 int 型变量 a 输入一个小数，看一看输出是什么?

```
1.   #include <bits/stdc++.h>
2.   using namespace std;
3.   int main()
4.   {
5.       int a;
6.       cin>>a; //此处输入一个小数
7.
8.       cout<<a;
9.       return 0;
10.  }
```

图 4-12　输入一个小数

2. 给一个 float 型变量输入一个整数,看看输出是什么?

3. 编写一个程序,输入一个名字放入 name 中。最后,让计算机输出一句话:"name 和我是好朋友!"这里的 name 要用你输入的名字代替。输出效果如图 4-13 所示。

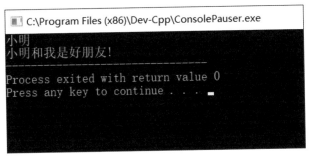

图 4-13　输出效果

第5课 数学计算

现在我们不但可以向计算机中输入数据，还可以把计算机中的数据输出。如果输入数据之后，数据仍按原样输出，就是我们俗话说的"直肠子"了，意义不大。我们怎么把输入的数据加工一下，再把加工后的结果输出呢？

5.1 整数四则运算

同学们数学课上学过整数四则运算，编程怎么实现呢？我们还是从一个"复杂"的程序讲起吧！如图 5-1 所示，这个程序就实现了整数的加法运算。

第 6 行，定义 3 个整型变量 a、b、c。编程术语叫声明语句。

第 7 行，通过键盘向计算机输入两个整数，存储到 a、b 中。编程术语叫输入语句。

第 9 行，"="和我们数学上的等号含义不一样了，这里不是等于的意思，而是要把 a+b 的和存储到 c 中。编程术语叫赋值语句。

第 11 行，就是把 c 里面的内容输出到控制台，我们称之为输出语句。

```
1.    #include <bits/stdc++.h>
2.    using namespace std;
3.
4.    int main()
5.    {
6.        int a,b,c;
7.        cin>>a>>b;
8.
9.        c = a+b;
10.
11.        cout<<c;
12.
13.        return 0;
14.   }
```

图 5-1　计算两个整数之和

　　单击 Compiler&Run 按钮，弹出控制台界面，程序停在第 7 行，等待我们给 a、b 变量输入数据。比如输入 5 和 6，注意，5 和 6 之间用空格隔开，如图 5-2 所示。

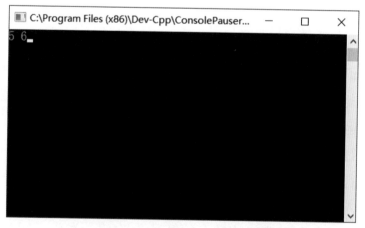

图 5-2　给变量 a、b 输入数据

　　然后按 Enter 键输入完毕。

　　程序继续向下执行第 9 句，将 a 与 b 的和赋值 c。再继续执行第 11

句，输出 c 的值 11。

再继续执行第 13 句，程序结束。

仿照上面程序，试着编程实现下面的 4 道题吧！只需要注意一下，
C++ 用 "*" 表示乘号，用 "/" 表示除号就可以了。

（1）计算两个整数的和。

（2）计算两个整数的差。

（3）计算两个整数的乘积。

（4）计算两个整数的商。

相信大家已经能够通过编程实现四则运算了。再翻看数学书上的
其他计算题，试着通过编程计算吧！

5.2　有余数的除法

当两个整数相除时，如果不能正好除尽，会怎么样呢？如图 5-3
所示为计算两个整数商的代码。

```
1.   #include <bits/stdc++.h>
2.   using namespace std;
3.
4.   int main()
5.   {
6.       int a,b,c;
7.       cin>>a>>b;
8.
9.       c = a/b;
10.
11.      cout<< c <<endl;
12.
13.      return 0;
14.  }
```

图 5-3　两个整数相除的程序

如图 5-3 所示程序，如果 a、b 分别输入 15、2 的时候，输出结果是 7，而不是 7.5，这是什么原因呢？大家多试几组数据，看看是否能找出错误规律。

通过多试几组数据，有的同学可能已经发现规律了。就是程序计算两个整数的除法，不能被整除时，把余数部分自动舍掉。那怎么计算两个数的余数呢？这就要用到"第五则"运算：取余运算。如图 5-4 所示，是我们人教版二年级下册的一道应用题。

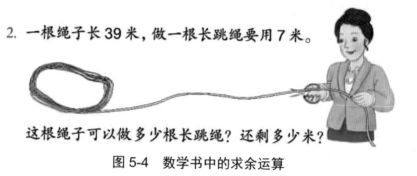

2. 一根绳子长 39 米，做一根长跳绳要用 7 米。

这根绳子可以做多少根长跳绳？还剩多少米？

图 5-4　数学书中的求余运算

这道题第一问可以用我们前面学过的整数除法解决。第二问"还剩多少米"，就需要用到我们本节要学的取余运算符"%"（见图 5-5）。

```
1.    #include <bits/stdc++.h>
2.    using namespace std;
3.
4.    int main()
5.    {
6.
7.        cout<< 39/7 <<endl;    //可以做多少根长跳绳：5
8.        cout<< 39%7 <<endl;    //还剩多少米：4
9.
10.       return 0;
11.   }
```

图 5-5　求余运算程序

对，大家没有看错！用 C++ 编程求余数就是这么简单！现在同学们可以把数学书上"带余数的除法"章节中的计算题，都通过编程解决了！

下面我们综合运用整数除法和整数取余做一道题：输入一个两位正整数，将个位数字和十位数字相加。这道题编程应该怎么实现呢？代码如图 5-6 所示。

```
1.    #include <bits/stdc++.h>
2.    using namespace std;
3.
4.    int main()
5.    {
6.        int a,b;
7.        cin>>a;
8.
9.        b = a%10 + a/10;
10.
11.       cout<< b;
12.
13.       return 0;
14.   }
```

图 5-6　数位相加程序

第 6 行，定义两个整型变量，a 存储输入的两位正整数，b 用于存储 a 的个位数字与十位数字相加之和的结果。

第 7 行，从键盘输入一个两位正整数，存放到变量 a 中。

第 9 行，a%10 取余的结果是 a 的个位数字，a/10 的结果是 a 的 10 位数字，它们相加后赋值给 b。

第 11 行，输出 b 的值。

和数学课上老师强调的一样，在编程做除法时，除数也不能是 0。至此，同学们可以用程序解决数学课上学的所有有关整数运算的题目了。而且比数学课还多学了一则运算，即"取余"运算。

5.3 小数计算题

我们可以通过编程完成数学书上的所有整数计算题，那么如何实现小数的计算呢？那就需要能表示小数的数据类型了。前面提到，C++中用 float 和 double 表示带小数点的数。只需要把前图代码中的 int 变为 float 就可以了。程序代码如图 5-7 所示。

```
1.    #include <bits/stdc++.h>
2.    using namespace std;
3.
4.    int main()
5.    {
6.        float a,b,c;
7.        cin>>a>>b;
8.
9.        c = a+b;
10.
11.       cout<<c;
12.
13.       return 0;
14.   }
```

图 5-7　小数的加法运算

第 6 行，要计算小数的加法，需要定义 float 类型的变量，又叫浮点型变量。

第 7~11 行代码，和整数加法的代码完全相同。

现在你可以用 C++ 编程完成如下计算题。

（1）计算两个小数的和。

（2）计算两个小数的差。

（3）计算两个小数的乘积。

（4）计算两个小数的商。

需要注意的是，两个 float 类型的数据没有取余运算，只有整数才有取余运算！

5.4 "="与"=="

同学们看到这节标题，是不是读成"等于""等于等于"了！本节再为大家强调一下它们的区别。

在 C++ 中，"=="才是我们数学上学到的等于。而"="在 C++ 中表示赋值。如 x = 5，表示把 5 赋值给变量 x，即把 5 存储到变量 x 中。又如 y = k，表示把 k 的值赋值给 y，也即把 k 的值存储到变量 y 中（见图 5-8）。

```
1.   #include <bits/stdc++.h>
2.   using namespace std;
3.
4.   int main()
5.   {
6.       int x,y;
7.
8.       x = 5;
9.       x = x+1;
10.      y = x;
11.
12.      cout<<"y 的值为: " << y;
13.
14.      return 0;
15.  }
```

图 5-8 赋值语句

第 6 行，定义两个整型变量 x、y。

第 8 行，把 5 赋值给 x，也可以理解为把 5 存储到变量 x 中。

第 9 行，把变量 x 的值加 1 后，再赋值给 x。

第 10 行，把 x 的值赋值给 y，也可以理解为把变量 x 中的值存储到变量 y 中。

第 12 行，输出 y 的值。

同学们思考一下，到现在为止，x 和 y 的值分别是多少？动手编写代码并运行，看看运行后的结果和你的预期结果是否一样？

学到这儿，我想大家都在暗自高兴，以后数学课上的计算问题都可以通过编程来解决。你的计算结果是否正确，也不用爸爸妈妈帮你检查了，编一个程序验证一下就可以了。不过大家也不要"沾沾自喜"，一定要注意编程计算和数学计算之间的差别。同学们不要担心，下面就给大家做了总结。

数学中的加减乘除"+、-、×、÷"在 C++ 中叫作运算符。在键盘上没有"×、÷"这样的符号，C++ 用"*"表示"×"，用"/"表示"÷"。运算符号的优先级同样是先乘除，再加减，括号内的先运算。概括如表 5-1 所示。

表 5-1　C++ 中的数学运算符

运　算	数 学 表 示	C++ 运算符	示　例
加法	+	+	3+2=5
减法	-	-	3-2=1
乘法	×	*	3*2=6
除法	÷	/	5.0/2=2.5
括号	()	()	(3+2)*4=20
整除	a 除以 b 的商	/	7/2=3
模除	a 除以 b 的余数	%	7%2=1

表 5-1 中需要注意的就是整数除法和小数除法时，需要注意使用什么类型的数据。

5.5　不要怕"虫子"

后面的程序会越来越复杂，我们在编写程序的时候，难免出现一些错误。提到程序错误，先讲一个发生在女科学家 Grace Hopper（格蕾斯·霍珀）身上的有趣故事（见图 5-9）。

图 5-9　COBOL 语言之母 Grace Hopper

早期的计算机体积都很大，有一次一台计算机不能正常工作，Grace Hopper 和整个团队都搞不清楚是什么原因。后来才发现，是一只飞蛾意外飞入了一台计算机内引起的故障，终于把问题解除了。Grace Hopper 在日记本中记录了这一事件（见图 5-10）。从此，程序中的错误被叫作臭虫（Bug），而找到这些 Bug 并加以纠正的过程就叫作调试（Debug）。

我们编写 C++ 程序，当遇到错误时要怎么处理呢？在 Dev-C++ 上写完程序，单击 Compiler&Run 按钮后，如果程序有错误时会给出提示信息，如图 5-11 所示，当然不同的错误可能会有不同的提示信息。

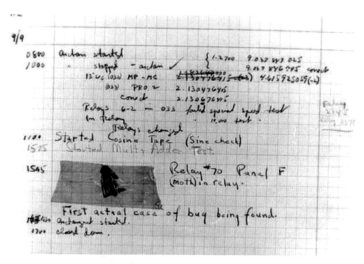

图 5-10　记录的第一个计算机 Bug

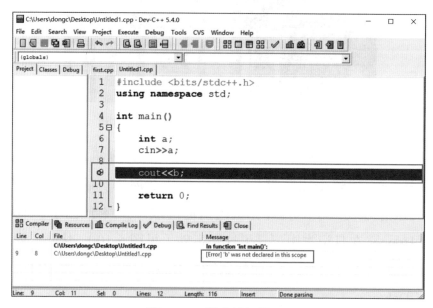

图 5-11　程序错误提示

　　如果你的程序出现某行红色高亮提示时，说明程序中有错误。这时候你需要检查红色高亮行是否有错误，或者它附近的几行代码是否有错误。你还可以仔细查看下面红色字体给出的可能的错误信息提示，按照提示的线索进行查找，能让你事半功倍！比如图 5-11 红色高亮的代码行是第 9 行，提示的信息是 'b' was not declared in this scope，英文好的同学可能已经大概猜到错误的意思了，即 b 没有被定义。这样你就很快发现问题所在了，前面定义的是 a，后边输出 b 了。

当程序出现 Bug 时，同学们不要惊慌，按照它的提示，一步一步查找原因。当你解决了一个程序 Bug 时，你的心情不亚于"福尔摩斯侦破了一个大案子"那样开心。

练习 5

1. 从键盘输入一个 int 型数据 a 和一个 float 型数据 b，计算 a+b 的和，输出之前想一想它们的结果是什么类型的数据？

2. 从键盘输入两个整数 a、b，计算输出 a 除以 b 的商和余数。

3. 看一看想一想，图 5-12 计算两个数之和的代码，有什么错误？

```
1.    #include <bits/stdc++.h>
2.    using namespace std;
3.    int main()
4.    {
5.        int a;
6.        float b;
7.        cin>>a>>b;
8.
9.        int c = a+b;
10.
11.       cout<<c;
12.       return 0;
13.   }
```

图 5-12　计算两数之和

第 6 课 编程术语不枯燥

在前面几课中，我们已经潜移默化地掌握了很多编程术语，如变量、内存、整型等。本课我们再深入学习一下相关的概念。当然你也可以把本课看作是前面编程术语的总结和复习。

为了使本课不那么枯燥，我尽量缩短篇幅。同时，为了便于大家理解，很多编程术语我会用易于理解的方式来解释。

6.1 使用变量先声明

我们可以通过键盘输入，把数据存储到变量中；使用"="直接给变量赋值。在三年级下学期数学课上，我们已经学习了长方形的面积和周长公式。请通过编程解决下列问题（见图 6-1）。

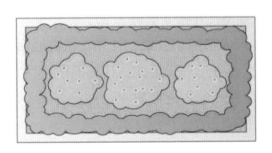

图 6-1 花坛示意图

已知：一个长方形花坛，长 50 米，宽 25 米。

（1）求这个花坛的占地面积。

（2）在花坛的四周围一圈围栏，求围栏的长。

根据题意，相信你能够驾轻就熟，迅速写出类似如图 6-2 所示的代码。

```cpp
1.    #include <bits/stdc++.h>
2.    using namespace std;
3.
4.    int main()
5.    {
6.        int a = 50;
7.        int b = 25;
8.
9.        int c = a*b;
10.       int d = (a+b)*2;
11.
12.       cout<<"花坛的占地面积为: " <<c <<endl;
13.       cout<<"围栏的长为: " <<d <<endl;
14.
15.       return 0;
16.   }
```

图 6-2   计算花坛面积和周长

第 6 行，变量 a 表示花坛长，直接赋值为 50，不需要再从键盘输入，即声明变量 a，并将 a 赋值为 50。

第 7 行，定义变量 b 表示花坛宽，直接赋值为 25，不需要再从键盘输入，即声明变量 b，并将 b 赋值为 25。

第 9 行，根据长方形面积公式，计算花坛占地面积，并赋值 c。

第 10 行，根据长方形周长公式，计算围栏长，并赋值 d。

第 12 行，输出花坛的占地面积。

第 13 行，输出围栏的长。

6.2　名如其人——变量的命名

上面用到的 a、b、c、d 等都是变量的名字，用名字代表这个变量。给变量命名需要遵守一些规则，否则程序可能会报错。变量的命名规则如下。

（1）变量名只能由字母、数字和下画线构成。

（2）变量名只能以字母或者下画线开头。

（3）变量名中不能含有空格。

（4）不能用 C++ 中的保留字作为变量名。

（5）……

列举下去可能还有很多条，但是同学们不要担心，如果你给变量起了一个不正确的名字，我们的编译器会给出提示。同学们可以分别试一试如图 6-3 所示代码中的几种命名错误，单击 Compiler&Run 按钮后，编译器会在红框部分提示相应的错误原因。

```
1.   #include <bits/stdc++.h>
2.   using namespace std;
3.
4.   int main()
5.   {
6.       //错误:变量名只能由字母、数字和下画线构成
7.       int len#;
8.
9.       //错误:变量名只能以字母或者下画线开头
10.      int 2a;
11.
12.      //错误:变量名中不能含有空格
13.      int le n;
14.
15.      //错误:不能用 C++中的保留字作为变量名
16.      int if;
17.
18.      return 0;
19.  }
```

图 6-3　变量命名错误

给变量起名的时候，除了要遵守上面的变量命名规则之外，最好还要做到见名知意。如 6.1 节花坛题，变量可以按如图 6-4 所示方式定义。

```
1.   #include <bits/stdc++.h>
2.   using namespace std;
3.
4.   int main()
5.   {
6.       int length = 50;
7.       int width = 25;
8.
9.       int S = length*width;
10.      int L = (length+width)*2;
11.
12.      cout<< S <<endl;
13.      cout<< L <<endl;
14.
15.      return 0;
16.  }
```

图 6-4　变量命名建议

上面的代码不需要过多的解释，看到变量名大体就知道它要表达的含义了！俗话说名如其人，爸爸妈妈在给我们起名字时，一定会花费不少心思的。我们在给变量起名时，也要认真对待呦！

6.3　形形色色——数据类型

前面我们已经学习了整型、长整型、单精度浮点型、双精度浮点型等数据类型，如表 6-1 所示。

其实 C++ 中的数据类型不止这些，还有字符串型、布尔型等数据类型。本书用到了 4.4 节"输入字符串"中讲到的字符串型。至于其他数据类型，本书不会涉及。

表 6-1　变量的基本类型

类　型　名	类型标识符	说　　明
字符型	char	char ch;
整型	int	int a;
长整型	long long	long long b;
单精度浮点型	float	float a;
双精度浮点型	double	double b;
扩展双精度浮点型	long double	long double a;

6.4　真假关系——关系运算符

前面我们已经学习和使用 C++ 的数学运算符（+、-、*、/、%）和赋值运算符（=）。本节给大家介绍关系运算符。

在 C++ 中，如果要比较两个数据的大小，就要用到关系运算符。关系运算符用来表示两个数据之间的大小关系，如：

$$23 < 52 \quad 49 > 32$$

$$63 > 45 \quad 58 < 86$$

两个数值之间的大小关系可以有相等、大于、小于、大于等于、小于等于、不等于。对应的符号如表 6-2 所示。

表 6-2　C++ 关系运算符

运　　算	数　学　表　示	C++ 运算符	含　　义	示　　例
等于	=	==	两边相等	9==9
不等于	≠	!=	左边不等于右边	2!=3
小于	<	<	左边小于右边	5<6
大于	>	>	左边大于右边	6>5
小于等于	≤	<=	左边小于等于右边	2<=4　2<=5
大于等于	≥	>=	左边大于等于右边	3>=1　4>=3

每个关系表达式的结果只有两种情况，成立或者不成立，也可以说满足或者不满足。如果关系成立，整个关系表达式的结果就为真；如果关系不成立，整个关系表达式的结果就为假。在 C++ 中，假用 0 表示，真用非 0 的整数常用 1 表示。

6.5 空间交换

除了用变量进行运算之外，有时候我们还需要给变量交换空间。同学们小时候有没有被考过下面的问题：油水互换（见图 6-5）。

（a）油桶 a   （b）水桶 b   （c）空桶 c

图 6-5　油水互换

a 桶中有油 100 毫升，b 桶中有水 150 毫升，需要将 a 桶中的油放入 b 桶，把 b 桶中的水放入 a 桶。我们需要借助一个空桶 c 来完成。如图 6-6 所示代码可以交换变量的值。

第 1 步：把 a 倒入 c。

第 2 步：把 b 倒入 a。

第 3 步：把 c 倒入 b。

至此，我们复习了前面课程相关的概念，并且又扩展了一些概念。希望同学们不要被本课有点枯燥的内容吓倒，有了这些基础，我们就可以继续更神奇的 C++ 编程之旅了！

```
1.   #include <bits/stdc++.h>
2.   using namespace std;
3.
4.   int main()
5.   {
6.       int a = 100;
7.       int b = 150;
8.       int c;
9.
10.      //输出交换前 a、b 的值
11.      cout<<"a="<<a <<" b="<<b <<endl;
12.
13.      c = a;
14.      a = b;
15.      b = c;
16.
17.      //输出交换后 a、b 的值
18.      cout<<"a="<<a <<" b="<<b <<endl;
19.
20.      return 0;
21.  }
```

图 6-6　交换变量的值

练习 6

1. 看一看想一想，测试如图 6-7 所示代码的输出结果。

2. 从键盘输入一个三位数的整数，计算输出各个位上的数字加和。

3. 仿照油水互换，交换两个整型变量 a、b 的值，你还能想出几种方法？

```
1.    #include <bits/stdc++.h>
2.    using namespace std;
3.    int main()
4.    {
5.     int a = 5;
6.     int b = 6;
7.
8.     cout<< (a>b)  <<endl;
9.     cout<< (a>=b) <<endl;
10.    cout<< (a<b)  <<endl;
11.    cout<< (a<=b) <<endl;
12.    cout<< (a==b) <<endl;
13.    cout<< (a!=b) <<endl;
14.    return 0;
15.   }
```

图 6-7   测试代码

第 7 课　做　选　择

前面介绍的绝大部分代码，都是按从上到下的顺序一句一句执行，每一句代码都能执行到。但是很多时候，我们要根据不同的条件做出不同的选择。也就是说，要根据不同的条件执行不同的语句。罗伯特·弗罗斯特（见图 7-1）有一首名诗《未选择的路》，因为他的面前有两条路，他驻足彷徨，不知道该选哪一条。我想诗人之所以难以抉择，可能是给他的判断条件不够充分吧！

图 7-1　罗伯特·弗罗斯特

7.1 判断条件

在日常生活中，我们经常能听到这样的描述：如果明天下雨，我就带伞；如果我的作业做完了，就可以去打游戏；如果期末语文和数学成绩都是 90 分以上，妈妈就带你去迪士尼玩……在编程中，怎么表述这样的条件呢？这时就需要用到条件表达式语句了！

条件表达式中的条件，一般是一个比较运算或者逻辑运算的表达式。其最终结果只有两种情况，成立或者不成立，这种情况在计算机中用一种叫布尔型的数据来表示。它只有两种状态：真（用非 0 数表示）或者假（用 0 表示）。用比较操作符比较两个值，得到的结果就是一个布尔值，条件表达式结果示例如表 7-1 所示。如果大家觉得这一段有点儿拗口，可以再复习下 6.4 节的内容，就豁然开朗了！

表 7-1　条件表达式结果示例

条件表达式	表达式结果	C++ 表示
9==9	成立（真）	1 或其他非 0 数
9!=9	不成立（假）	0
5>6	不成立（假）	0
6>=5	成立（真）	1 或其他非 0 数
5>4 并且 5<7	成立（真）	1 或其他非 0 数

7.2 如果

"如果"搭配条件表达式就构成了本节要讲的分支语句！比如期末考试临近，妈妈承诺："如果你数学成绩达到 90 分及以上，假期就带你去迪士尼。"你为了防止妈妈反悔，把妈妈的承诺记录在日记本上！

如果　数学分数 ≥ 90
　　妈妈带我去迪士尼玩！

你也可以通过编程来记录这一约定，如图 7-2 所示。

```
1.    #include <bits/stdc++.h>
2.    using namespace std;
3.
4.    int main()
5.    {
6.        int score;
7.        cin>>score;
8.
9.        if(score>=90)
10.       {
11.           cout<<"妈妈带我去迪士尼玩！";
12.       }
13.
14.       return 0;
15.   }
```

图 7-2　单分支 if 语句

程序与你日记本上的记录有点儿相似！

第 6、7 行，定义一个变量 score 表示数学分数，并从键盘输入具体数值。

第 9~12 行，可以对照你的笔记。if 就是如果的意思，小括号里面是条件表达式，如果条件成立，程序就执行大括号里面的代码。需要注意的是，大于等于和我们数学上的写法稍有不同，是由 ">" 和 "=" 组合而成的 ">="，中间没有空格。

单击 Compiler&Run 按钮，从键盘输入整数表示数学分数。比如输入 97，输出了 "妈妈带我去迪士尼玩！" 因为你满足了妈妈提的条件，所以括号中代码得到执行（见图 7-3）！

重新单击 Compiler&Run 按钮，从键盘输入整数表示数学分数。输入一个小于 90 的数，使 if 后面括号中的条件不成立，结果没有任何输出，程序就结束了！

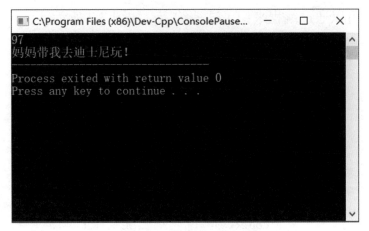

图 7-3　程序运行结果

　　总结一下，if 语句的写法是：

```
if （条件表达式）
{
    条件成立时执行的语句；
}
```

　　这个条件就是条件表达式，当这个条件成立时，称条件表达式的结果为真；当这个条件不成立时，称条件表达式的结果为假。结果为真时，执行大括号里面的代码；结果为假时，不执行。

7.3　否则

　　有句老话说得好，"你敬我一尺，我敬你一丈"，你是一个有志气的孩子，主动对日记做了修改：

　　如果　数学分数 ≥ 90
　　　　妈妈带我去迪士尼玩！
　　否则
　　　　我将足不出户，头悬梁，锥刺股，发愤图强！

把它转换为 C++ 代码，如图 7-4 所示。

```cpp
1.    #include <bits/stdc++.h>
2.    using namespace std;
3.
4.    int main()
5.    {
6.        int score;
7.        cin>>score;
8.
9.        if(score>=90)
10.       {
11.           cout<<"妈妈带我去迪士尼玩！" ;
12.       }
13.       else
14.       {
15.           cout<<"我将足不出户，头悬梁，锥刺股，发愤图强！";
16.       }
17.
18.       return 0;
19.   }
```

图 7-4　单分支 if-else 语句

图 7-4 代码增加了 13~16 行，如果 if 条件不成立时执行 else 中的语句。当然了，如果 if 条件成立，就执行 if 里面的内容。

总结一下，if-else 语句的写法如下：

```
if （条件表达式）
{
    条件成立时执行的语句；
}
else
{
    条件不成立时执行的语句；
}
```

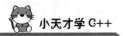

7.4 组合判断

故事还没有结束，你为了每次把数学都考到 90 分以上，忽视了语文的学习，结果语文考试竟然不及格！于是妈妈改变了策略：

如果　数学 ≥ 90　并且　语文 ≥ 80
　　　　妈妈带我去迪士尼玩！
否则
　　　我将足不出户，头悬梁，锥刺股，发愤图强！

其实，你只需要把前面的代码稍稍做一下改动（见图 7-5）。

```cpp
1.    #include <bits/stdc++.h>
2.    using namespace std;
3.
4.    int main()
5.    {
6.        //a 表示数学成绩，b 表示语文成绩
7.        int a,b;
8.        cin>>a>>b;
9.
10.       if(a>=90 && b>=80)
11.       {
12.           cout<<"妈妈带我去迪士尼玩！" ;
13.       }
14.       else
15.       {
16.           cout<<"我将足不出户，头悬梁，锥刺股，发愤图强！";
17.       }
18.
19.       return 0;
20.   }
```

图 7-5　多条件判断

第 6 行，"//"是注释符，表示从"//"到它所在行的末尾的内容都是注释的内容。这些内容不会被程序执行，只是便于我们自己和他人理解程序代码。

第 10 行，条件有两个，数学大于等于 90 分并且语文大于等于 80分，即"a>=90 并且 b>=80"，这两个条件都要满足。这里需要用到表示并且的逻辑运算符"&&"。从键盘输入"&&"，只需要同时按下Shift 键和数字 7 键。

从上面可以看出，条件表达式最终的结果是一个布尔值。那么两个布尔值之间可以做运算吗？当然可以。两个布尔值之间有与、或和非 3 种运算，称为逻辑运算。当两个条件表达式进行逻辑与运算时，只有条件都为真时，整个表达式的值才为真。当两个表达式进行逻辑或运算时，只要有一个条件为真，整个表达式的值就为真。当使用逻辑非运算时，值为真的表达式变为假，值为假的表达式变为真（见表 7-2）。

表 7-2　C++ 中的逻辑运算

运　算	表 示 方 法	读　法	含　义
与	a && b	a 与 b	a 和 b 都为真时为真，否则为假
或	a || b	a 或 b	a 和 b 有一个为真时就为真，否则为假（a 和 b 都为假时为假）
非	!a	非 a	a 为真则结果为假，a 为假则结果为真

7.5　多重分支

还有如下形式的分支语句：

```
if (条件1)
{
    当条件1成立时，执行语句1；
}
else if(条件2)
{
    当条件1不成立，条件2成立时，执行语句2；
}
else if(条件3)
{
    当条件1、条件2不成立，条件3成立时，执行语句3；
}
else if(条件n)
{
    当条件1、条件2......条件n-1不成立，条件n成立时，执行语句n；
}
else
{
    当以上条件都不成立时执行的语句；
}
```

用多分支语句形式完成"分数换等级"。输入一个学生的成绩，根据成绩输出相应的等级。

成绩大于等于 90 分，输出优秀；成绩大于等于 80 且小于 90，输出良好；成绩大于等于 70 且小于 80，输出中等；成绩大于等于 60 且小于 70，输出及格；小于 60，输出不及格（见图 7-6）。

第 13 行，刚开始学习多分支时，同学们可能把条件写成：else if (score>=80&&score<=89)，实际上没有必要，因为如果 score>=90 成立，第 9 行的 if 条件成立，第 11 行代码就得到执行了。

简单总结一下，多分支 if-else if-else 语句从上到下开始判断。如果满足条件表达式 1，则执行语句 1；不满足，则检查是否满足条件表达式 2，如果满足则执行语句 2。以此类推，所有条件表达式 2 都不满足，则执行 else 中的语句，如图 7-7 所示。

```cpp
1.  #include <bits/stdc++.h>
2.  using namespace std;
3.
4.  int main()
5.  {
6.      int score;
7.      cin>>score;
8.
9.      if(score>=90)
10.     {
11.         cout<<"优秀";
12.     }
13.     else if(score>=80)
14.     {
15.         cout<<"良好";
16.     }
17.     else if(socre>=70)
18.     {
19.         cout<<"中等";
20.     }
21.     else if(score>=60)
22.     {
23.         cout<<"及格";
24.     }
25.     else
26.     {
27.         cout<<"不及格";
28.     }
29.
30.     return 0;
31. }
```

图 7-6　分数换等第程序

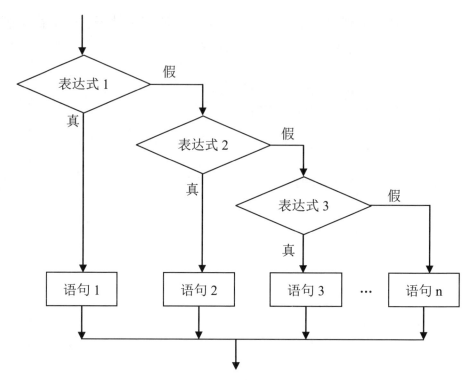

图 7-7　多重分支语句流程图

练习7

1. 从键盘输入 3 个整数，输出最大的一个数。

2. 输入一个整数 n，如果 n 是奇数则输出 3*n+1 的值，如果 n 是偶数输出 n/2 的值。

3. 写一个程序，从键盘输入一个整数，输入 1 输出星期一，输入 2 输出星期二，以此类推……否则输出"请输入 1~7 的整数"。

第8课　循环就是重复

如果每天做重复的事情同学们肯定会感到厌烦，计算机和人不一样，计算机最擅长做重复的事情。不过要让计算机帮我们重复做事，就需要使用 C++ 中的循环语句了。

8.1　for 循环

大家都会有被老师罚抄写的经历吧！于是有人充分发挥了自己的聪明才智，一次就能重复多遍，如图 8-1 所示。

如果让计算机帮我们重复输出 3 遍"你好"怎么做呢？同学们会说"太简单了，只要用 cout<< 语句就能实现了"（见图 8-2）。

如果输出 5 遍、8 遍、几十遍的话，也可通过复制粘贴上述代码很快完成。如果要重复成百上千遍呢？那就有点儿小麻烦。同学们不用担心，计算机

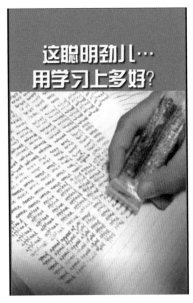

图 8-1　多管齐下写作业

会有其他办法，那就是用 for 循环语句（见图 8-3）。

```
1.   #include <bits/stdc++.h>
2.   using namespace std;
3.
4.   int main()
5.   {
6.       //重复 3 遍输出"你好"
7.       cout<< "你好" <<endl ;
8.       cout<< "你好" <<endl ;
9.       cout<< "你好" <<endl ;
10.
11.      return 0;
12.  }
```

图 8-2　重复输出

```
1   #include <bits/stdc++.h>
2   using namespace std;
3
4   int main()
5   {
6       //重复输出 5 遍 "你好"
7
8       for(int i=1; i<=5; i++)
9       {
10          cout<< "你好" <<endl;
11      }
12
13      return 0;
14  }
```

图 8-3　for 循环语句

编译运行之后，可以发现计算机帮我们输出了 5 遍"你好"。下面我们对上面的代码稍加解释，你就会豁然开朗了。

第 8 行，for() 表示这是一个 for 循环语句，第 9~11 行是循环体。

首先执行①，这个语句执行且只执行一次。

然后依次重复执行②—③—④，直到②条件不再成立，结束 for

循环。

第④句是"i = i + 1"的简写，每执行一次 i 就加 1。

同学们按下列描述修改代码。注意，每次都在图 8-3 代码基础上修改一个地方，这样便于查看结果变化。

（1）把①改为 int i = 2，编译运行，查看输出结果。

（2）把②改为 i <= 10，编译运行，查看输出结果。

（3）把④改为 i = i + 2，编译运行，查看输出结果。

（4）把③下面加一句"cout<< i << endl;"如图 8-4 所示，编译运行，查看输出结果。

```
1.   #include <bits/stdc++.h>
2.   using namespace std;
3.
4.   int main()
5.   {
6.       for(int i=1; i<=5; i++)
7.       {
8.           cout<< "你好" <<endl;
9.           cout<< i <<endl;
10.      }
11.
12.      return 0;
13.  }
```

图 8-4　输出变量 i 的值

通过上面的练习我们已经了解，for 循环主要包括 4 部分：

for （循环变量初始化；循环变量判定；循环变量增量）
{
    循环体；
}

结合上述程序代码和 for 循环结构，其执行过程总结如下：

（1）执行循环变量初始化语句，如 int i = 1，即定义了一个变量 i，并将 i 的初始值设为 1。

（2）执行循环变量判定语句，如判断 i<=5 是否成立。如果成立，则执行循环体语句；如果不成立，则循环结束，转到（5）。

（3）执行循环变量增量语句，如 i++，即每次 i 值增加 1。

（4）转回（2）继续执行。

（5）循环结束，执行 for 语句的下一条语句。

大家都听说过数学家高斯的故事吧！伟大的德国数学家高斯有着"世界数学王子"的美誉。小高斯上小学三年级的时候，他的数学教师在黑板上给同学们写下了一个长长的算式：1+2+3+4+5…+98+99+100。可老师刚写完题目，高斯就算出了正确的答案。下面我们用编程的方式来计算这道算式吧（见图 8-5）。

```
1.    #include <bits/stdc++.h>
2.    using namespace std;
3.
4.    int main()
5.    {
6.        int sum = 0;
7.        for(int i=1; i<=100; i++)
8.        {
9.            sum = sum + i;
10.       }
11.
12.       cout<< sum <<endl;
13.
14.       return 0;
15.   }
```

图 8-5　1~100 累加求和

第 6 行，定义一个变量 sum，用于存储算式的和，最开始 sum 赋值为 0。

第 7~10 行，从 1 开始依次累加到 100，并赋值给变量 sum。

第 12 行，输出 sum。

单击 Compiler&Run 按钮，输出计算结果 5050。同学们想一想，如果计算 1~1000 的累加和应该怎么算呢？对了，就是把 i<=100 改为 i<=1000 就可以了，赶紧去试试吧！

8.2 while 循环

鲁迅小说里有个人物叫孔乙己，为了显示自己学问大，告诉人"茴"字有 4 种写法！我们也可以用 3 种方法"驱动"计算机帮我们做重复的事情，除了使用 for 循环，比较常用的还有 while 循环和 do...while 循环。其实，能用 wihle 和 do...while 解决的问题，也一定可以用 for 循环来解决，不过程序的复杂程度可能不同。所以我们还是要学会"茴"字的多种写法啊！

while 语句的一般结构如下：

```
while ( 判断条件 )
{
    循环体；
}
```

while 的执行过程，先看 while 循环的判断条件，如果条件成立，则执行一次循环体。执行循环体后，程序再次执行判断条件，条件成立，再执行一次循环体。如此往复，直到判断条件不再成立，跳出 while 循环。

大家运行一下图 8-6 所示 while 循环的代码，看看程序的运行结果。

代码第 11 行，i++ 和 i=i+1 的功能一样，都是使 i 增加 1。

那么图 8-7 所示死循环代码的输出结果是什么呢？

```
1.    #include <bits/stdc++.h>
2.    using namespace std;
3.
4.    int main()
5.    {
6.        int i=1;
7.
8.        while(i<=5)
9.        {
10.            cout << i <<endl;
11.            i++;
12.        }
13.
14.        return 0;
15.    }
```

图 8-6 while 循环

```
1.    #include <bits/stdc++.h>
2.    using namespace std;
3.
4.    int main()
5.    {
6.        int i=1;
7.
8.        while(i>=5)
9.        {
10.            cout << i <<endl;
11.            i++;
12.        }
13.
14.        return 0;
15.    }
```

图 8-7 死循环代码

我们发现，while 中的判断条件一直成立，所以循环也就一直执行。这就是我们经常遇到的程序死循环。大家在编程时，一定要避免类似的错误。

8.3　do...while 循环

do...while 和 while 循环语句非常相似。它的语法规则如下：

```
do
{
    循环体；
}
while( 判断条件 );
```

该循环语句是先执行一次循环体，再判断 while 中的条件是否成立，如图 8-8 所示。

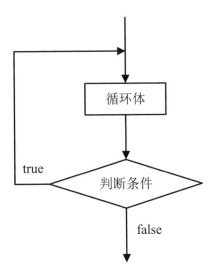

图 8-8　do...while 流程图

当判断条件成立时，继续执行循环体语句；当判断条件不成立时循环结束。

8.4　break 与 continue

前面我们学了 C++ 的 3 种循环语句，它们有一个共同的特点，只有当判断条件不再成立时，才结束整个循环语句。有时候我们需要提前结束整个循环，让程序继续执行，这时候就可以使用 break 语句了，如图 8-9 所示。

```cpp
1.   #include <bits/stdc++.h>
2.   using namespace std;
3.
4.   int main()
5.   {
6.       for(int i=1; i<=10; i++)
7.       {
8.           if(i%2 == 0)
9.           {
10.              break;
11.          }
12.
13.          cout<< i <<endl;
14.      }
15.
16.      cout<< "已经跳出循环了" <<endl;
17.
18.      return 0;
19.  }
```

图 8-9　break 语句代码

单击 Compiler&Run 按钮，查看输出结果如图 8-10 所示。

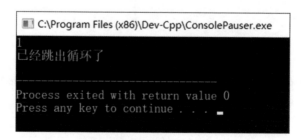

图 8-10　程序运行结果

第 6~14 行是一个 for 循环。

第 16 行是结束 for 循环后，要执行的语句。

第 8~11 行是 if 语句，如果 i 能被 2 整除，就执行 break。当 break 语句被执行，程序就会终止当前循环，执行当前循环以外的语句了。

通过上面的小例子，相信同学们已经理解了 break 语句的作用了。下面我们把代码稍稍改动，把 break 语句换成 cotinue 语句，如图 8-11 所示。

```
1.    #include <bits/stdc++.h>
2.    using namespace std;
3.
4.    int main()
5.    {
6.        for(int i=1; i<=10; i++)
7.        {
8.            if(i%2 == 0)
9.            {
10.               continue;
11.           }
12.
13.           cout<< i <<endl;
14.       }
15.
16.       cout<< "已经跳出循环了" <<endl;
17.
18.       return 0;
19.   }
```

图 8-11　continue 演示

单击 Compiler&Run 按钮，查看输出结果如图 8-12 所示。

图 8-12　程序运行结果

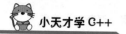

与 break 语句不同。程序运行到 continue 语句时，跳过循环体后面的语句，进入下一次循环。

练习 8

1. 输入一个整数 n，计算 1+2+3+…+n 的值并输出。

2. 输入一个整数 n，计算 1*2*3*…*n 的值并输出。（提示：注意整数的表示范围）

3. 把一张厚 h 的纸对折 n 次，你能算出对折后的厚度是多少吗？

第9课 循环嵌套

　　同学们见过"俄罗斯套娃"（见图9-1）吗？一般由多个类似图案的空心木娃娃一个套一个组成，最多可达几十个。其实我们前面学过的分支语句里也可以嵌套分支语句、循环语句里也可以嵌套循环语句。通过嵌套，就可以编程解决更为复杂的问题了！

图 9-1　俄罗斯套娃

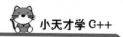

9.1 分支嵌套

在 C++ 中，分支语句可以有多种嵌套形式，通过嵌套可以实现更复杂的判断。如果希望在条件成立后执行的语句中，增加额外的条件判断，可以使用 if 嵌套。如图 9-2 所示就是一种分支语句嵌套形式，if-else 语句在 if 中又嵌套 if-else 语句。

```
1.    if(条件表达式 1)
2.    {
3.        if(条件表达式 2)
4.        {
5.            语句 1;
6.        }
7.        else
8.        {
9.            语句 2;
10.       }
11.
12.   }
13.   else
14.   {
15.       语句 3;
16.   }
```

图 9-2　分支语句嵌套

为了便于同学们理解，下面通过编程解决一道应用题：通过键盘输入一个正整数 n。如果 n 是一个两位数，并且能被 3 整除，则输出 yes，否则输出 no。

首先我们写出 if-else 语句。如果 n 是两位数，在 if 语句中再写一个 if-else 语句判断是否能被 3 整除；如果 n 不是两位数，直接在 else 中输出 no。代码如图 9-3 所示。

```
1.    #include <bits/stdc++.h>
2.    using namespace std;
3.    int main()
4.    {
5.        int n;
6.        cin>>n;
7.
8.        if(n>=10 && n<=99) //n 是两位数
9.        {
10.           if(n%3==0) //n 能被 3 整除
11.           {
12.               cout<<"yes";
13.           }
14.           else
15.           {
16.               cout<<"no";
17.           }
18.       }
19.       else
20.       {
21.           cout<<"no";
22.       }
23.
24.       return 0;
25.   }
```

图 9-3　选择语句的嵌套

第 8 行，首先判断 n 是否为两位数。如果 n 不是两位数，直接执行第 21 行 else 里的语句，输出 no。

第 10 行，如果 n 是两位数，判断 n 是否能被 3 整除。如果能被 3 整除就输出 yes，否则仍然输出 no。

9.2　循环嵌套

与 if 语句的嵌套类似，for 循环语句也可以嵌套，如图 9-4 所示。

```
1.   #include <bits/stdc++.h>
2.   using namespace std;
3.
4.   int main()
5.   {
6.       //外层 for 循环
7.       for(int i=1; i<=5; i++)
8.       {
9.           //内层 for 循环：每次执行输出一行 10 个"#"
10.          for(int j=1; j<=10; j++)
11.          {
12.              cout<< "#" ;
13.          }
14.
15.          //换行
16.          cout<< endl;
17.      }
18.
19.      return 0;
20.  }
```

图 9-4　for 循环嵌套

　　嵌套循环是指在一个循环内包含另外一个循环。图 9-4 中 for 循环里又包含一个 for 循环。嵌套循环是从外层循环开始执行，内层循环可以看作外层循环的循环体的一部分。

　　第 7~17 行，是一个外层 for 循环。控制内部循环体执行 5 遍。

　　第 9~16 行，是外层 for 循环的循环体。循环体又包含一个 for 循环（第 10~13 行）和一个换行语句（第 16 行）。

　　单击 Compiler&Run 按钮，输出结果如图 9-5 所示。

　　这种有两层嵌套的循环叫作双重循环，嵌套更多层的叫作多重循环。在实际应用中，循环嵌套最好不要超过 3 层，层数太多的代码，计算机不容易理解。

C:\Program Files (x86)\Dev-Cpp\ConsolePauser.exe

```
##########
##########
##########
##########
##########

Process exited with return value 0
Press any key to continue . . .
```

图 9-5　程序运行结果

上面的嵌套比较简单，外层循环只控制循环次数。我们将上面代码的第 10 行稍作改动，如图 9-6 所示。

```
1.   #include <bits/stdc++.h>
2.   using namespace std;
3.
4.   int main()
5.   {
6.       //外层 for 循环
7.       for(int i=1; i<=5; i++)
8.       {
9.           //内层 for 循环：每次执行输出一行 i 个"#"
10.          for(int j=1; j<=i; j++)
11.          {
12.              cout<< "#" ;
13.          }
14.
15.          //换行
16.          cout<< endl;
17.      }
18.
19.      return 0;
20.  }
```

图 9-6　改变内层循环表达式

将第 10 行中的 j<=10 改为 j<=i。每次输出不是固定的 10 个 #，而

是和 i 有关。所以同学们以后在看循环嵌套的代码时，要注意内层循环的次数是否和外层的数据有关。输出结果如图 9-7 所示。

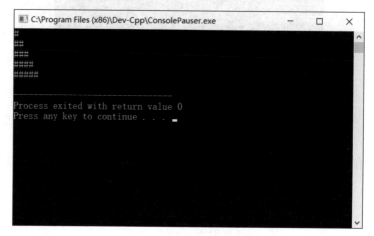

图 9-7　程序运行结果

有了上面的嵌套基础，我们可以试着打印一个九九乘法口诀表，代码如图 9-8 所示。

```
1.    #include <bits/stdc++.h>
2.    using namespace std;
3.
4.    int main()
5.    {
6.        for(int i=1; i<=9;i++)
7.        {
8.            for(int j=1; j<=i; j++)
9.            {
10.               cout<<j<<"*"<<i<<"="<<j*i<<"    ";
11.           }
12.           cout << endl;
13.       }
14.
15.       return 0;
16.   }
```

图 9-8　打印九九乘法口诀表

第 6 行，九九乘法口诀表一共 9 行，所以外层循环从 1~9。

第 8 行，每行的列数和行号相同，所以 j<=i。

第 10 行，在每行的最后输出几个空格保持美观。

第 12 行，每行输出完成后换行。

输出效果如图 9-9 所示。

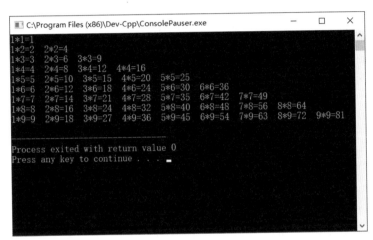

图 9-9　九九乘法口诀表输出效果

9.3　循环与分支嵌套

前面我们已经在"不经意"中写出了循环与分支嵌套的代码。我们再尝试做这样一道题：输出 1~200 所有能被 3 和 5 整除的数，代码如图 9-10 所示。

第 6~12 行，从 1~200 开始循环。

第 8~11 行，判断 i 是否能同时被 3 和 5 整除。如果成立就输出。

其实各种语句的嵌套模式多种多样，同学们通过体验几个实例，知道需要根据解决问题的便利和效率，选择不同的嵌套模式。

```
1.    #include <bits/stdc++.h>
2.    using namespace std;
3.
4.    int main()
5.    {
6.        for(int i=1; i<=200; i++)
7.        {
8.            if(i%3==0 && i%5==0)
9.            {
10.                cout<< i <<" ";
11.            }
12.        }
13.
14.        return 0;
15.    }
```

图 9-10　输出能被 3 和 5 整除的数

9.4　循环输入

前面我们输入数据时，cin>> 语句都是在循环的外面。如果我们把输入语句 cin>> 放到循环语句里面会是什么效果呢？代码如图 9-11 所示。

```
1.    #include <bits/stdc++.h>
2.    using namespace std;
3.    int main()
4.    {
5.        int x;
6.        int sum = 0;
7.        for(int i=1; i<=5; i++)
8.        {
9.            cin>>x;
10.            sum = sum + x;
11.        }
12.
13.        cout<< "5 次输入的加和是: " <<sum;
14.
15.        return 0;
16.    }
```

图 9-11　for 循环输入

该程序的功能是，循环 5 次，每次从键盘上输入一个整数给 x，最后计算输入的 5 个整数的和。

也可以用 while 或 do...while 语句实现循环输入，如图 9-12 所示。

```
1.   #include <bits/stdc++.h>
2.   using namespace std;
3.   int main()
4.   {
5.       int x;
6.       while(true)
7.       {
8.           cin>>x;
9.           if(x==0)
10.          {
11.              break;
12.          }
13.      }
14.
15.      cout<< "你输入了整数 0,所以程序跳出 while 循环！" ;
16.
17.      return 0;
18.  }
```

图 9-12　while 循环输入

图 9-12 中代码通过 while 语句实现循环输入。while(true) 是一个死循环，一直执行循环体。当输入 0 时，执行 if 中的语句，才跳出整个循环。

练习 9

1. 输入两个整数 m、n，输出 m 行 n 列的星号。比如 m 输入 5，

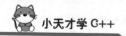

n 输入 7，则输出效果如图 9-13 所示。

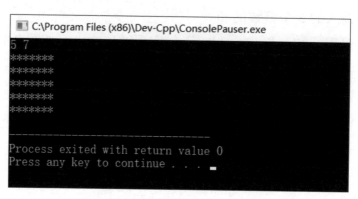

图 9-13　根据输出效果编写代码

2. 通过循环输入方式输入 n 个整数，求 n 个整数的平均值（注意整数除法问题）。

3. 输入 3 个正整数 m、n、x，其中 m<=n。请统计 m~n 的所有整数中，有多少个可以被 x 整除。

第10课　现成的"方法"

大科学家牛顿说过："如果我看得更远一点的话，是因为我站在巨人的肩膀上。"程序员们经常说：不要重复造轮子。同学们可能会问：如果自己不制造，轮子从哪里来呢？下面我们就要学习一些"现成的轮子"——常用的库函数。

10.1　返回值

为了让大家体验到使用"现成的轮子"的好处，我们还是从一道编程题开始吧！输入两个数 a、b，请输出 a 的 b 次方的值。你可能很快地写出了如图 10-1 所示的代码。

图 10-1 中的代码实现了计算 a 的 b 次方的结果，也费了同学们一些脑筋。但是这个程序有缺陷。比如，它要求 a、b 必须都是整数。如果 a、b 是小数，就需要重写代码。其实早有聪明人已经为我们准备好了"方法"，计算 a 的 b 次方，只需要写出如图 10-2 所示的代码。

```
1.   #include <bits/stdc++.h>
2.   using namespace std;
3.
4.   int main()
5.   {
6.       int a,b;
7.       cin>>a>>b;
8.
9.       double res = 1;
10.      for(int i=1; i<=b; i++)
11.      {
12.          res = res*a;
13.      }
14.
15.      cout <<res <<endl;
16.
17.      return 0;
18.  }
```

图 10-1　计算 a 的 b 次方代码

```
1.   #include <bits/stdc++.h>
2.   using namespace std;
3.
4.   int main()
5.   {
6.       double a,b;
7.       cin>>a>>b;
8.
9.       double res = pow(a,b);
10.
11.      cout<<res<<endl;
12.
13.      return 0;
14.  }
```

图 10-2　用现成函数计算 a 的 b 次方代码

在解释上述代码之前，先了解函数的概念。可以把函数看成是一个机器。只需要把需要的原材料放入机器，进行加工，就能得到我们想要的产品。同样，只需把数据放入函数，就可以计算出我们需要的结果。这个计算结果叫函数的返回值。返回值是什么呢？如果你问计算机"5-2=？"，计算机计算出"5-2=3"，但它如何将结果告诉你呢？它告诉你的 3 便是返回值。返回值可以理解为解决一个问题后得到的结论，并把这个结论交给别人。

图 10-2 中第 9 行代码，pow 就是一个函数，这个函数帮我们计算幂次方。你只需要把 a、b 两个数放入 pow() 函数的括号中，它就能计算出 a 的 b 次方，然后再定义一个变量 res 接收计算结果就行了，简单吧！因为 pow() 函数是我们安装的 C++ 已经实现好的，我们称之为库函数。

10.2　好用的"方法"

那么 C++ 中还有哪些有趣和常用的库函数呢？同学们可以看一看表 10-1 列出的常用库函数。

表 10-1　常用的库函数

函　　数	函数形式	功　能　说　明	使　用　实　例
绝对值函数	abs(x)	求一个数 x 的绝对值	abs(-6) 的结果为 6
向下取整函数	floor(x)	求不大于实数 x 的最大整数	floor(2.7) 的结果为 2
向上取整函数	ceil(x)	求不小于实数 x 的最小整数	ceil(2.7) 的结果为 3
幂次方函数	pow(x, y)	计算 x 的 y 次方	pow(5,3) 的结果为 125
平方根函数	sqrt(x)	计算 x 的平方根	sqrt(49) 的结果为 7
随机数函数	rand()	生成一个大于等于 0 的整数	

同学们能根据表 10-1 的描述，理解这些函数的用途吗？首先自己思考一个输入数据，然后口算它的输出，最后通过编写程序验证，这样就可以掌握这些函数的作用和用法了，如图 10-3 所示。

```
1.   #include <bits/stdc++.h>
2.   using namespace std;
3.

4.   int main()
5.   {
6.       cout<< abs(-6) <<endl;      //输出结果为 6
7.
8.       cout<< floor(2.7) <<endl;  //输出结果为 2
9.
10.      cout<< ceil(2.7) <<endl;   //输出结果为 3
11.
12.      cout<< pow(5,3) <<endl;    //输出结果为 125
13.
14.      cout<< sqrt(49) <<endl;    //输出结果为 7
15.
16.      return 0;
17.  }
```

图 10-3　常用库函数使用

这里强调一下 rand() 函数的用法。在使用 rand() 函数产生随机数之前，需要在它前面添加一行 srand(time(0)) 代码，如图 10-4 所示。

```
1.   #include<bits/stdc++.h>
2.   using namespace std;
3.
4.   int main()
5.   {
6.   srand(time(0));
7.   cout<< rand() <<endl;
8.
9.       return 0;
10.  }
```

图 10-4　rand() 函数用法

10.3 猜数游戏

现在来玩个猜数字游戏：首先计算机随机选一个 0~100 的整数，然后同学们来猜这个数到底是什么？最后输出你猜了多少次才猜对这个数。

要想产生一个随机数，需要用到 srand() 和 rand() 两个库函数。rand() 可以随机产生一个 0 到 RAND_MAX 之间的整数。RAND_MAX 具体是多少，可以通过如图 10-5 所示代码测试一下。

```
1.    #include <bits/stdc++.h>
2.    using namespace std;
3.    int main()
4.    {
5.        cout<< RAND_MAX;
6.        return 0;
7.    }
```

图 10-5　输出 RAND_MAX 值

单击 Compiler&Run 按钮，输出为 32 767，即 rand() 函数产生一个 0~32 767 的整数。

具体用法是，首先设置 srand(time(0)) 和 rand()%101 生成一个 0~100 的整数。再用 cin 输入你猜测的数。然后判断你猜测的数和生成的那个随机数是否相同，直到猜对为止，并输出猜测的次数。完整的程序如图 10-6 所示。

```
1.    #include <bits/stdc++.h>
2.    using namespace std;
3.    int main()
4.    {
5.      //生成一个 0~100 的随机数，赋值给 number
6.      srand(time(0));
7.      int number = rand()%101;
8.
9.      int count = 0; //记录猜测次数
10.
11.     while(true)
12.     {
13.         count = count + 1;
14.
15.         //每次输入你猜测的数
16.         int guess;
17.         cin>>guess;
18.
19.         if(guess == number)
20.         {
21.             cout<<"恭喜你，猜中了！" ;
22.             cout<<"你猜的次数为：" << count;
23.             break;
24.         }
25.         else
26.         {
27.             if(guess>number)
28.             {
29.                 cout<<"你猜的太大了！" <<endl;
30.             }
31.             else
32.             {
33.                 cout<<"你猜的太小了！" <<endl;
34.             }
35.         }
36.     }
37.
38.     return 0;
39.   }
```

图 10-6　猜数游戏代码

第 6 行，srand(time(0)) 是初始化随机数发生器函数。目前固定写为这样即可。

第 7 行，rand() 可以生成一个大于等于 0 的整数，rand()%101 把产生的整数转化为 0~100 的数。

第 9 行，count 用于记录你猜测的次数。

第 11~36 行，是整个 while 循环。

第 13 行，每次进入循环，count 要加 1，表示猜测了一次。

第 16~17 行，输入你该次猜测的数。

后面的选择嵌套代码相信同学们应该很清晰了。猜对了，用 break 语句跳出整个 while 循环；猜错了，提示"你猜的太大了！"还是"你猜的太小了！"，继续输入并进行猜测。

猜数过程如图 10-7 所示。

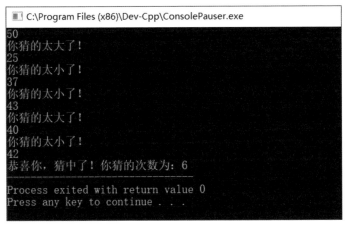

图 10-7　猜数游戏运行结果

同学们可以比一比，看谁猜的次数少，谁少谁就赢！

如果把第 6 行的 srand(time(0)) 代码删除，整个程序还是可以正常运行的，不过这个游戏就会产生一个不易发现的小问题，多运行几次，看看你能发现这个问题吗？

练习 10

1. 输入两个整数 a、b，分别表示直角三角形的两条直角边，输出斜边的长度。（提示：可以使用现成的库函数）

2. 把一张厚度是 h 的纸对折 n 次，你能算出对折后的厚度是多少吗？（提示：使用 pow() 库函数）

第11课 有趣的"数"

如果我现在告诉同学们，本书涉及的 C++ 编程基础知识点大家已经学完了，你们会不会很惊讶！编程语言只是一个工具，你需要使用它解决问题、实现自己的想法才是重要的！本课将运用前面学习的知识，解决一些更有意思、也更有挑战性的问题，即用 C++ 编程解决我们数学上学到的各种"数"的问题。

11.1 奇数与偶数

大家在小学数学课上学过奇数和偶数。怎么编程判断一个数是奇数还是偶数呢？

实例 1：从键盘输入一个整数 n，判断该数是奇数还是偶数。如果是奇数则输出"n 是奇数"，如果是偶数则输出"n 是偶数"。

思路：n 对 2 取余，如果余数等于 0 就是偶数，否则就是奇数，如图 11-1 所示。或者反其道而行之，n 对 2 取余，如果余数等于 1 就是奇数，否则就是偶数。

```
1.   #include <bits/stdc++.h>
2.   using namespace std;
3.
4.   int main()
5.   {
6.       int n;
7.       cin>>n;
8.
9.       //如果 n 能被 2 整除则 n 是偶数, 否则 n 是奇数
10.      if(n%2==0)
11.      {
12.          cout<<"n 是偶数";
13.      }
14.      else
15.      {
16.          cout<<"n 是奇数";
17.      }
18.
19.      return 0;
20.  }
```

图 11-1　编程解决判断奇偶

　　如果将第 10 行代码改为 if(n%2==1)，整个程序应该怎么修改呢?

　　实例 2: 从键盘输入一个整数 n，输出 1~n 的所有奇数。

　　思路: 要判断 1~n 所有的奇数。首先要声明一个变量 i 并进行 1~n 的循环。然后判断 i%2 是否等于 1，如果等于 1，此时 i 值就是奇数，如图 11-2 所示。

```
1.    #include <bits/stdc++.h>
2.    using namespace std;
3.
4.    int main()
5.    {
6.        int n;
7.        cin>>n;
8.
9.        for(int i=1; i<=n; i++)
10.       {
11.           if(i%2==1)
12.           {
13.               cout<< i <<endl;
14.           }
15.       }
16.
17.       return 0;
18.   }
```

图 11-2　编程解决输出所有奇数

11.2　因数与倍数

在整数除法中，如果商是整数且没有余数，我们就说被除数是除数和商的倍数，除数和商是被除数的因数。

实例 3：从键盘输入一个整数 n（n>=1），输出它所有的因数（见图 11-3）。

思路：怎么编程判断一个数 b 是另一个数 a 的因数呢？用 a%b，如果等于 0，就说明 b 是 a 的因数。怎么编程寻找一个数的所有因数呢？

用这个数依次对 1, 2, 3, 4…取余, 看看结果是不是 0 就可以了, 简单吧!

```
1.    #include <bits/stdc++.h>
2.    using namespace std;
3.
4.    int main()
5.    {
6.        int n;
7.        cin>>n;
8.
9.        for(int i=1; i<=n; i++)
10.       {
11.           //如果 n 能被 i 整除, i 就是 n 的一个因数
12.           if(n%i==0)
13.           {
14.               cout<< i <<endl;
15.           }
16.       }
17.
18.       return 0;
19.   }
```

图 11-3   编程解决输出一个数的所有因数

第 9~16 行循环, 用 n 依次对 i (i 从 1~n) 取余。

第 12 行, 如果 n%i 的余数为 0, 此时的 i 就是 n 的一个因数。

实例 4: 从键盘输入两个整数 a、b, 计算输出它们的最小公倍数 (见图 11-4)。

思路: 先定义变量 k 的初值为 a。判断 k 是否同时被 a、b 整除, 如果不能, 再判断 k+1, k+2, k+3…直到能同时被 a、b 整除。

```
1.    #include <bits/stdc++.h>
2.    using namespace std;
3.
4.    int main()
5.    {
6.        int a,b;
7.        cin>>a>>b;
8.
9.        int k = a;
10.       while(true)
11.       {
12.           if(k%a==0 && k%b==0)
13.           {
14.               cout << k;
15.               break;
16.           }
17.
18.           k = k+1;
19.       }
20.
21.       return 0;
22.   }
```

图 11-4　编程解决最小公倍数

11.3　素数与合数

同学们在数学课上学过素数与合数。素数是只能被自己或者 1 整除的数。除了 1 和它本身，还有别的因数的数是合数。如果数学课上老师让大家判断一个很大的数是不是素数或合数，你会不会觉得很麻烦呢？但是别怕，今天我们教大家用 C++ 来判断素数或合数。怎么判断呢？我们需要看它能不能被除 1 和自己以外的其他数整除，每个数都需要除一除，看能不能整除。

实例 5：输入一个整数 n（n>=2），如果 n 是合数就输出 yes（见

图 11-5)。

```cpp
1.    #include <bits/stdc++.h>
2.    using namespace std;
3.
4.    int main()
5.    {
6.        int n;
7.        cin>>n;
8.
9.        for(int i=2; i<=n-1; i++)
10.       {
11.           if(n%i==0)
12.           {
13.               cout<<"yes";
14.               break;
15.           }
16.       }
17.
18.       return 0;
19.   }
```

图 11-5 编程解决判断合数

思路：我们可以从 2 开始寻找，如果在 2 和 n-1 之间，还有一个数可以整除 n，n 就是合数。

在 2~n-1，只需找到一个能整除 n 的数，n 就是合数了。程序输出 yes 跳出循环。

实例 6：输入一个大于 3 的整数 n，如果 n 是素数输出 yes（见图 11-6）。

思路：我们要用 n 对 2~n-1 的所有数做除法，没有能整除 n 的数存在时，才能判断 n 是素数。

我们用了一个 flag 变量来标识 n 是不是素数。首先将它的初始值设置为 1，如果一旦被 2~n-1 的数整除，就把 flag 置为 0，用 break 语句直接退出内层循环。最后通过 flag 判断 n 是否为素数。

```cpp
1.  #include <bits/stdc++.h>
2.  using namespace std;
3.
4.  int main()
5.  {
6.      int n;
7.      cin>>n;
8.
9.      int flag = 1;
10.     for(int i=2; i<=n-1; i++)
11.     {
12.         if(n%i==0)
13.         {
14.             flag = 0;
15.             break;
16.         }
17.     }
18.
19.     if(flag == 1)
20.     {
21.         cout <<"yes"<<endl;
22.     }
23.
24.     return 0;
25. }
```

图 11-6　编程解决判断素数

11.4　水仙花数

水仙花数也被称为自恋数或自幂数。水仙花数是指一个 3 位数，它的每个数位上的数字的 3 次方之和等于它本身（例如，$1^3 + 5^3 + 3^3 = 153$）。你能找出所有的水仙花数吗？

首先，我们可以构建一个循环，从 100 循环到 999。为什么要从

100 到 999 呢？因为水仙花数一定是个 3 位数。这个循环是这样的：

```
for(int i=100; i<=999; i++)
```

然后，我们每碰到一个数 i，把它的个位数字、十位数字、百位数字分离出来。怎么分离呢？用我们学过的 "/" 和 "%" 就可以完成了。个位数字 i%10 取余求得；百位数字 i/100 可以求得；十位数字有些复杂，(i/10)%10 也可以求得。

最后通过判断，各个数位上数字的立方之和与 i 相等，就找到这个水仙花数了。完整的代码如图 11-7 所示。

```
1.    #include <bits/stdc++.h>
2.    using namespace std;
3.
4.    int main()
5.    {
6.        for(int i=100; i<=999; i++)
7.        {
8.            int a = i%10;      //求得个位数字
9.            int b = (i/10)%10; //求得十位数字
10.           int c = i/100;     //求得百位数字
11.
12.           //各个数位上数字的立方和等于i，就是水仙花数
13.           if(a*a*a+b*b*b+c*c*c == i)
14.           {
15.               cout << i <<endl;
16.           }
17.       }
18.
19.       return 0;
20.   }
```

图 11-7　编程解决水仙花数

1. 四叶玫瑰花数是一个四位数的正整数，它的各个数位上的数字的 4 次方之和等于自身，你能找出所有的四叶玫瑰花数吗？（例如，$1634 = 1^4 + 6^4 + 3^4 + 4^4$）

2. 输入两个正整数 m、n（m<=n），求出 m 和 n 之间的所有素数并输出。

3. 输入一个正整数 n，你能输出它各个位上的数字吗？（提示：可以用 while 循环，数位分离）

第 12 课　统计与推理

　　统计与推理是小学数学的重要内容。同学们已经学习过统计表与统计图、平均数、中位数等知识，也学会了根据已知的条件，推导事物发展变化规律的逻辑推理方法。本课我们通过编程来解决统计与推理问题。

12.1　数字统计

　　有时候需要统计一些具有某种特点的数，比如统计 1~1000 中，个位数字是 3 的数有多少个。

　　我们可以写出一个从 1~1000 的循环，逐个判断哪些数个位数字是 3。怎么判断一个数的个位数字是不是 3 呢？首先通过这个数对 10 取余，得到个位数字，再判断这个数字是不是 3 就可以了。完整代码如图 12-1 所示。

```
1.    #include <bits/stdc++.h>
2.    using namespace std;
3.
4.    int main()
5.    {
6.        int sum = 0;
7.
8.        for(int i=1; i<=1000; i++)
9.        {
10.            if(i%3==0)
11.            {
12.                sum = sum + 1;
13.            }
14.        }
15.
16.        cout<<sum;
17.
18.        return 0;
19.    }
```

图 12-1　编程解决数字统计问题

12.2　谁在说谎

　　小学课本中有一道有趣的逻辑推理题：有一天，某珠宝店被盗，经侦破，确认作案人是甲、乙、丙、丁 4 个人中的某一个。于是，对这 4 个嫌疑人进行审讯，所得口供如下。

　　甲：我没有作案。

　　乙：丁是罪犯。

　　丙：乙是盗窃犯。

　　丁：作案的不是我。

　　经查实，这 4 个人的口供中只有一个是假的。你能推理是谁作案了吗？你知道怎样编程解决吗？

我们用一个整数 x 表示谁是真正的盗窃犯。如果 x 等于 1、2、3 或 4，则分别表示甲、乙、丙或丁是盗窃犯。则甲、乙、丙、丁的口供可以用逻辑表达式表示如下。

甲：我没有作案。(x!=1)

乙：丁是罪犯。(x==4)

丙：乙是盗窃犯。(x==2)

丁：作案的不是我。(x!=4)

如果说了真话，对应的逻辑表达式就是真，值为 1；如果说了假话，对应的逻辑表达就是假，值为 0。又已知，只有一个人说了假话，所以只有一个逻辑表达式的值为 0，于是得出如下等式：

$$(x!=1)+(x==4)+(x==2)+(x!=4) == 3$$

让 x 从 1 到 4 开始测试，使上述等式成立的 x 的值，就对应着盗窃犯的编号。代码如图 12-2 所示。

```
1.    #include <bits/stdc++.h>
2.    using namespace std;
3.
4.    int main()
5.    {
6.        int x;
7.
8.        for(x=1; x<=4; x++)
9.        {
10.           if((x!=1)+(x==4)+(x==2)+(x!=4)==3)
11.           {
12.               cout<<x;
13.           }
14.       }
15.
16.       return 0;
17.   }
```

图 12-2　编程解决谁在说谎问题

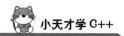

单击 Compiler&Run 按钮，输出结果为 2，即乙是盗窃犯。

其实还有很多的逻辑推理问题，都可以用上述的程序模式解决。同学们快去自己的数学书上找一找吧！

12.3 等差数列

同学们学习过数列的概念。按一定次序排列的一列数叫作数列。数列中隐含着某种规律。例如，1，4，7，10，13…后一项减去前一项的值为 3，类似这样的数列称为等差数列。

实例 1：输入 3 个整数 a1、a2 和 n。a1 和 a2 是等差数列的前两项，求该等差数列的第 n 项 an 的值（见图 12-3）。

```
1.   #include <bits/stdc++.h>
2.   using namespace std;
3.
4.   int main()
5.   {
6.       int a1,a2,n;
7.       cin>>a1>>a2>>n;
8.
9.       int k = a2-a1;
10.      int an = a1+k*(n-1);
11.
12.      cout<<an;
13.
14.      return 0;
15.   }
```

图 12-3　编程解决等差数列问题

思路：首先计算 a2-a1 的差用 k 表示。第 n 项 an 的值等于 a1 加 k 乘 (n-1)。

第 6 行，a1、a2 表示数列的第 1 项和第 2 项的值。n 表示第 n 项。

第 9 行，计算数列的公差，赋值 k。

第 10 行，第 n 项的值 an 为第 1 项加 k*(n−1) 的值。

第 12 行，输出 an，即第 n 项的值。

12.4　斐波那契数列

斐波那契数列（Fibonacci sequence）又称黄金分割数列，因数学家莱昂纳多·斐波那契（Leonardoda Fibonacci）以兔子繁殖为例引入，故又称为"兔子数列"，指的是这样一个数列：0，1，1，2，3，5，8，13，21，34…这个数列从第 3 项开始，每一项都等于前两项之和。请设计一个程序，输入一个正整数 k（k>=3），求斐波那契数列第 k 项的值（见图 12-4）。

```cpp
1.    #include <bits/stdc++.h>
2.    using namespace std;
3.
4.    int main()
5.    {
6.        int k;
7.        cin>>k;
8.
9.        int a = 0; //数列第 1 项
10.       int b = 1; //数列第 2 项
11.
12.       int s; //记录第 k 项的值
13.       for(int i=3; i<=k; i++)
14.       {
15.           s = a+b;
16.           a = b;
17.           b = s;
18.       }
19.
20.       cout<<s;
21.
22.       return 0;
23.   }
```

图 12-4　编程解决斐波那契数列问题

第 6、7 行，输入一个整数 k，计算数列第 k 项的值。

第 9、10 行，数列第 1 项和第 2 项的值。

第 13 行，当 i 等于 3 时，执行第 1 遍循环。

第 15 行，s=a+b 正好求出数列第 3 项的值，放入 s 中。

第 16 行，a =b 把第 2 项的值赋值第 1 项。

第 17 行，b=s 把第 s 项的值赋值第 2 项。

依次类推，当 i 等于 4 时，执行第 2 遍循环，计算数列第 4 项的值，放入 s。直到 i 等于 k 时，求出数列第 k 项值，放入 s。此时循环结束。

第 20 行，输出 s，即输出数列的第 k 项的值。

练习 12

1. 输入 3 个整数 a1、a2 和 n。a1 和 a2 作为等差数列的前两项，求该等差数列的前 n 项的和。(提示：注意与 12.3 节中实例一的区别)

2. 学校有 4 位同学，其中一位同学做了好事但是没有留名。表扬信送到学校后，校长问 4 位同学是谁做的好事。4 位同学的回答是：

A：不是我

B：是 C

C：是 D

D：不是我

已知 3 个人说的是真话，一个人说的是假话。你能根据上述描述，编程找出做好事的同学吗？

第13课 数学广角

　　数学广角是人教版数学教材中的有趣单元。该单元安排了逻辑推理、数形结合等探索性数学问题，让学生感受数学思想的美妙，得到数学思维的训练。本课我们就用编程的方法解决数学广角中的有趣问题吧！

13.1　鸡兔同笼

　　大约1500年前，我国古代数学名著《孙子算经》中记载了一道有趣的数学名题——鸡兔同笼，如图13-1所示。

今有雉兔同笼，上有三十五头，下有九十四足，问雉兔各几何？

图 13-1　鸡兔同笼问题

这道题的意思是: 笼子里有若干只鸡和兔。从上面数, 有 35 个头, 从下面数, 有 94 只脚。问鸡和兔各有几只?

可以采用枚举法来解决这个问题。一共有 35 个头, 鸡最少 1 只, 最多 34 只; 兔最少 1 只, 最多 23 只。可以构造一个双重循环来解决这个问题。当满足鸡和兔的头总和为 35 个、脚 94 只时, 就输出鸡兔的只数。完整代码如图 13-2 所示。

```cpp
1.   #include <bits/stdc++.h>
2.   using namespace std;
3.
4.   int main()
5.   {
6.       //i 表示鸡的只数, j 表示兔的只数
7.       for(int i=1; i<=34; i++)
8.       {
9.           for(int j=1; j<=23; j++)
10.          {
11.              if(i+j==35 && 2*i+4*j==94)
12.              {
13.                  cout<<"鸡的只数是: "<<i<<endl;
14.                  cout<<"兔的只数是: "<<j<<endl;
15.              }
16.          }
17.      }
18.
19.      return 0;
20.  }
```

图 13-2　编程解决鸡兔同笼问题

13.2　百钱百鸡

我国古代数学家张丘建在《张丘建算经》一书中提出著名的百钱百鸡问题, 该问题为: 今有鸡翁一, 值钱五; 鸡母一, 值钱三; 鸡雏三,

值钱一；凡百钱买鸡百只，问鸡翁、母、雏各几何（见图 13-3）？

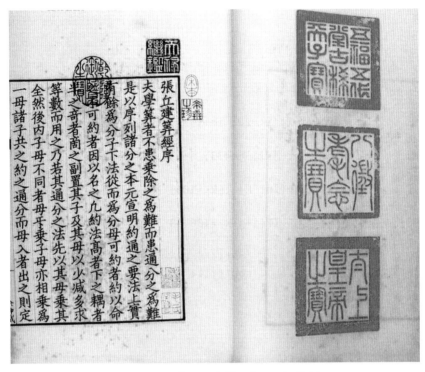

图 13-3 《张丘建算经》网上截图

翻译过来，意思是公鸡一只五钱，母鸡一只三钱，小鸡三只一钱，现在要用一百钱买一百只鸡，问公鸡、母鸡、小鸡各多少只（每种鸡最少要有一只）？

根据题意，如果全部买公鸡，最多买 20 只；如果全部买母鸡，最多买 33 只；如果全部买小鸡，最多买 300 只，一共要确保正好 100 只。这道题可以用三重循环来实现。在循环里要确保下面的算式成立：

（1）公鸡 + 母鸡 + 小鸡 =100 只

（2）5* 公鸡 +3* 母鸡 + 小鸡 /3 = 100 钱

完整代码如图 13-4 所示。

```
1.    #include <bits/stdc++.h>
2.    using namespace std;
3.
4.    int main()
5.    {
6.        //i 表示公鸡的只数
7.        //j 表示母鸡的只数
8.        //k 表示小鸡的只数
9.        for(int i=1; i<=20; i++)
10.       {
11.           for(int j=1; j<=33; j++)
12.           {
13.               for(int k=1; k<=100; k++)
14.               {
15.                   if(i+j+k==100 && 5*i+3*j+k/3==100)
16.                   {
17.                       cout<<"公鸡/母鸡/小鸡的只数分别为：" ;
18.                       cout<<i<<","<<j<<","<<k<<endl;
19.                   }
20.
21.               }
22.           }
23.       }
24.
25.       return 0;
26.   }
```

图 13-4　编程解决百钱白鸡问题

13.3　角谷猜想

　　20 世纪 70 年代中期，美国各所名牌大学校园内，人们都像发疯一般，夜以继日、废寝忘食地玩一种数学游戏。这个游戏十分简单：任意写出一个自然数 n，并且按照以下规律进行变换：

　　（1）如果是个奇数，则下一步变成 3n+1。

（2）如果是个偶数，则下一步变成 n/2。

　　每次得到的结果再按照上述规则重复处理。最终总能够得到 1，这就是著名的角谷猜想。这个猜想在西方称为考拉兹猜想，在东方则以日本数学家角谷静夫（见图 13-5）的名字命名，所以被称作角谷猜想。

图 13-5　日本数学家角谷静夫

　　你能编写一个程序，简单验证一下角谷猜想吗？输入一个正整数 n，输出循环了多少次，才把 n 变成 1。

　　我们要写出一个循环，这个循环什么时候结束呢？就是当 n 变成 1 的时候结束。所示，可以用 while(n!=1) 一直执行循环体。

　　循环体内是（1）（2）两个变化规律。如果 n 是奇数，n=3*n+1；如果 n 是偶数，n=n/2。

　　当循环结束时，我们怎么知道循环体执行了多少次呢？可以定义一个变量，每循环一次，让这个变量加 1。

　　完整代码如图 13-6 所示。

```
1.    #include <bits/stdc++.h>
2.    using namespace std;
3.
4.    int main()
5.    {
6.        int n;
7.        cin>>n;
8.
9.        int a = 0; //记录循环体执行的次数
10.       while(n!=1)
11.       {
12.           if(n%2==1)
13.           {
14.               //如果是个奇数，则下一步变成 3n+1
15.               n = 3*n+1;
16.           }
17.           else
18.           {
19.               //如果是个偶数，则下一步变成 n/2
20.               n = n/2;
21.           }
22.
23.           a = a+1;   //执行一次循环 a 就加 1
24.       }
25.
26.       cout << a;
27.
28.       return 0;
29.   }
```

图 13-6   编程解决角谷猜想问题

13.4   爱因斯坦的数学题

据说爱因斯坦给他的朋友出过这样一道题：一条长长的阶梯，如果每步跨 2 阶，最后剩下 1 阶；如果每步跨 3 阶，最后剩下 2 阶；如果每步跨 5 阶，最后剩下 4 阶；如果每步跨 6 阶，最后剩下 5 阶。只有每步跨7阶时，才正好到头，一阶也不剩。请问，阶梯最少有多少阶？你能编程解决爱因斯坦的这道数学题吗？

因为只有跨7个台阶时，最后一个台阶都不剩。所以台阶数一定是7的倍数。那我们就从7开始循环，当满足所有条件时，就计算出了阶梯最少有多少阶，跳出循环。详细代码如图13-7所示。

```
1.  #include <bits/stdc++.h>
2.  using namespace std;
3.
4.  int main()
5.  {
6.      int n = 7; //n表示阶梯数
7.
8.      while(true)
9.      {
10.         if(n%2==1 && n%3==2 && n%5==4 && n%6==5)
11.         {
12.             cout<<"阶梯最少有： "<<n;
13.             break;
14.         }
15.
16.         n = n+7;
17.     }
18.
19.     return 0;
20. }
```

图13-7　编程解决爱因斯坦的数学题

练习13

1. 有一筐鸡蛋，5个5个地数，还剩4个；6个6个地数，还剩3

个；7个7个地数刚好数完；8个8个地数，还剩1个；9个9个地数，也正好数完。编程计算这筐鸡蛋最少有多少个？

2. 某次知识竞赛共有m道题，评分标准如下：答对一题得8分，答错1题扣5分，不答题不得分也不扣分。小明得到n分，问小明答对、答错、不答题各有多少题？

第14课 平面图形和立体图形

同学们在数学课上已经学习了很多种图形了，并且会计算一些图形的周长、面积和体积等。本课的编程相对比较简单，只要熟悉图形的各种计算公式，套用公式即可。"圆周率的估算"一节涉及中学圆的标准方程知识点，仅供学有余力的同学阅读。

14.1 长方形

我们学习过长方形的面积计算公式是长×宽，周长计算公式是2×(长+宽)。怎样编程计算长方形的面积和周长呢？

实例1：输入两个整数a、b分别表示长方形的长和宽，计算长方形的面积s和周长len（见图14-1）。

```
1.    #include <bits/stdc++.h>
2.    using namespace std;
3.
4.    int main()
5.    {
6.        int a,b,s, len;
7.        cin>>a>>b;
8.
9.        s = a*b;
10.       len = (a+b)*2;
11.
12.       cout<<"长方形的面积为: "<<s <<endl;
13.       cout<<"长方形的周长为: "<<len <<endl;
14.
15.       return 0;
16.   }
```

图 14-1　计算长方形的面积和周长

14.2　三角形

三角形有一个特性，就是两边之和大于第三边。那么给你任意 3 个数，分别表示三角形的三条边长，你能判断出这 3 个数是否可以构成三角形吗？

实例 2：输入 3 个整数 a、b、c，判断能否构成三角形，能构成输出 yes，否则输出 no（见图 14-2）。

```
1.   #include <bits/stdc++.h>
2.   using namespace std;
3.
4.   int main()
5.   {
6.       int a,b,c;
7.       cin>>a>>b>>c;
8.
9.       if(a+b>c && a+c>b && b+c>a)
10.      {
11.          cout<< "yes"<<endl;
12.      }
13.      else
14.      {
15.          cout<< "no"<<endl;
16.      }
17.
18.      return 0;
19.  }
```

图 14-2 判断能否构成三角形

14.3 长方体

我们已经学习过长方体的体积公式和表面积公式，你能用编程的方式计算出它的体积和表面积吗？

长方体的体积 = 长 × 宽 × 高

长方体的表面积 =（长 × 宽 + 长 × 高 + 宽 × 高）× 2

实例 3：输入 3 个数 a、b、c（可以是小数），分别表示长方体的长、宽、高，请编程计算长方体的体积 v 和表面积 s（见图 14-3）。

```
1.    #include <bits/stdc++.h>
2.    using namespace std;
3.
4.    int main()
5.    {
6.        double a,b,c,v,s;
7.        cin>>a>>b>>c;
8.
9.        v = a*b*c;
10.       s = (a*b+b*c+a*c)*2
11.
12.       cout<<"长方体的体积是："<<v<<endl;
13.       cout<<"长方体的表面积是："<<s<<endl;
14.
15.       return 0;
16.   }
```

图 14-3　计算长方体的体积和表面积

14.4　圆的计算

我们已经知道计算圆的面积和周长的公式。从键盘输入圆的半径 r，你能编程计算圆的周长和面积吗？

实例 4：输入圆的半径 r，输出圆的面积 s 和周长 len。输出值保留两位小数，圆周率 PI 取 3.14159（见图 14-4）。

第 6 行，定义一个变量 PI，保存圆周率的值。

第 7 行，r 存储圆的半径，s 存储计算所得圆的面积，len 存储计算所得圆的周长。

第 10 行，根据圆的面积公式，计算圆的面积 s。

第 11 行，根据圆的周长公式，计算圆的周长 len。

第 13 行，输出圆的面积 s 并保留两位小数。fixed 与 setprecision(2)

是固定写法，表示保留两位小数。如果要保留 3 位小数，只需将 setprecision 括号里的数字换为 3 即可。

```
1.    #include <bits/stdc++.h>
2.    using namespace std;
3.
4.    int main()
5.    {
6.        double PI = 3.14159;
7.        double r,s,len;
8.        cin>>r;
9.
10.       s = PI*r*r;
11.       len = 2*PI*r;
12.
13.       cout<<fixed <<setprecision(2)<<s<<endl;
14.       cout<<fixed << setprecision(2)<<len<<endl;
15.
16.       return 0;
17.   }
```

图 14-4　计算圆的周长和面积

第 14 行，输出圆的周长 len 并保留两位小数。

同学们还学过其他图形，如平行四边形、梯形、圆柱体、圆锥体等。只要你记住它们的计算公式，都可以用编程的方法解决课本中的问题。

14.5　圆周率的估算

人们很早就发现，任意一个圆的周长和它的直径的比是一个固定的数，这个固定的数就叫作圆周率。圆周率的应用很广泛，尤其是在天文、历法方面，凡涉及圆的一切问题，都要使用圆周率计算。如何正确地计算圆周率，是世界数学史上的一个重要课题。

大约 1500 年前，我国伟大的数学家和天文学家祖冲之（见图 14-5），采用"割圆术"计算出圆周率应该在 3.1415926~3.1415927，成为世界上第一个把圆周率的值精确到 7 位小数的人。这个精度在随后的一千多年里一直是世界第一。

图 14-5　我国古代伟大科学家祖冲之

计算圆周率的方法有很多，除了上面提到的"割圆术"，还有连分数、分析法、概率法等。18 世纪法国数学家布丰设计的投针试验就是概率法的一种。本节我们利用另一种概率法即蒙特卡罗方法编程实现对圆周率的估算。

如图 14-6 所示，在坐标系中有一个边长为 2 的正方形和正方形的内切圆。正方形的中心和圆的圆心都在原点。根据几何知识可知：

该正方形的面积为：2*2 = 4

圆的面积为：PI*1*1 = PI

假设我们不知道 PI 是多少，现在就来估算它的值。

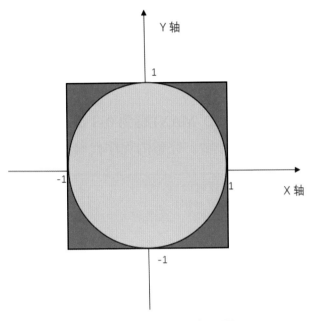

图 14-6 正方形及内切圆

我们设想向正方形内投点，有些点会落入圆内。点落入圆内的概率等于圆的面积 / 正方形面积。假设我们一共向正方形内投放了 500 万个点，落入圆内点的数量为 n 个，那么根据上述分析，有如下等式成立：

PI/4 = n/5000000（圆的面积 / 正方形面积 = n/5000000）

化简为：PI = 4*n/5000000

只需知道 500 万个点，有多少落入圆中，就能估算圆周率 PI。怎么知道哪些点落入正方形内，哪些点落入圆内了呢？如果用 (x,y) 表示点的坐标：

（1）落入正方形内点的横坐标 x 满足：$-1 \leqslant x \leqslant 1$

（2）落入正方形内点的纵坐标 y 满足：$-1 \leqslant y \leqslant 1$

（3）落入圆内的点的坐标满足：$x^2+y^2 \leqslant 1$

通过上面分析，我们只需要通过程序随机生成满足上述条件的 x、

y 就可以了。可以使用前面学过的 srand() 和 rand() 函数生成 −1~1 的随机小数。前面讲过，RAND_MAX 是 rand() 能产生的最大整数。

```
((1.0*rand()))/RAND_MAX)*2-1
```

通过 (1.0*rand())/RAND_MAX) 得到 0~1 的小数，再乘以 2 减去 1，就可以得到 −1~1 的随机小数。完整的程序代码如图 14-7 所示。

```
1.    #include <bits/stdc++.h>
2.    using namespace std;
3.    int main()
4.    {
5.        srand(time(0)) ;
6.        //输入想要生成点的总数量
7.        int  total;
8.        cin>>total;
9.        //落入圆内的点的数量
10.       int  n = 0;
11.
12.       for(int i=1; i<=total; i++)
13.       {
14.           double x = ((1.0*rand())/RAND_MAX)*2-1;
15.           double y = ((1.0*rand())/RAND_MAX)*2-1;
16.
17.           //如果满足条件，表明该点落入圆内
18.           if(x*x + y*y <=1)
19.           {
20.               n = n+1;
21.           }
22.       }
23.
24.       //注意，一定要转化为小数除法
25.       double PI = 4*n*1.0 / total;
26.       cout<<"圆周率 PI 的近似值为: " <<PI;
27.
28.       return 0;
29.   }
```

图 14-7　估算圆周率

第 5 行，srand(time(0)) 与 rand() 配合使用。

第 7、8 行，输入要随机生成的点的个数。

第 10 行，记录落在圆内的点的个数。

第 12~22 行，随机生成 total 个点数，落入圆内的点，n 就加 1。

第 25 行，获得 n 值后，计算得出 PI 的近似值。

单击 Compiler&Run 按钮，输入 1000 万时，计算机上估算的 PI 如图 14-8 所示。

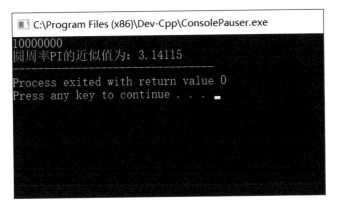

图 14-8　运行结果

大家可以在自己的计算机上多运行几次，看看得到的 PI 是多少？

练习 14

1. 估算圆周率 PI 的公式如下：

$$PI = 4*(1-1/3+1/5-1/7+1/9\cdots+(-1)^{(n+1)}/(2*n-1))$$

编程计算当 n=100 万时，估算的 PI 是多少？

2. "纸上得来终觉浅，绝知此事要躬行"，读一读这首诗，这是本书的最后一道练习题！

结 束 语

恭喜同学们，终于坚持到本书的最后了，是不是在"漫卷诗书喜欲狂"？回想一下，学习编程有没有《游山西村》的感觉？时而"山重水复疑无路"，突然"柳暗花明又一村"。

这本书是小天才学 C++ 系列的入门篇，作者尽量用轻松的笔触，带领大家走进 C++ 语言编程的大门。可是学习从来就不是一件轻松的事情，但我们已经在路上！汪国真说：我不去想是否能够成功，既然选择了远方，便只顾风雨兼程。希望在未来编程和竞赛的道路上，大家仍然相遇！